P. Ahnert

Der Lichtwechsel von 46 hellen Mirasternen

Veröffentlichungen der Sternwarte in Sonneberg · Band 2, Heft 3

DEUTSCHE AKADEMIE DER WISSENSCHAFTEN ZU BERLIN

Veröffentlichungen der Sternwarte in Sonneberg

Band 2

Heft 3

P. AHNERT

Der Lichtwechsel von 46 hellen Mirasternen

Akademie-Verlag GmbH · Berlin 1954

Erschienen im Akademie-Verlag GmbH., Berlin W 8, Mohrenstraße 39
Lizenz-Nr. 202 · 100/8/54
Druck: Druckerei „Thomas Müntzer" Langensalza
Bestell- und Verlagsnummer: 2006/II/3
Preis: 10,— DM
Printed in Germany

Die vorliegende Arbeit stellt eine abschließende Bearbeitung aller von mir in den Jahren 1923 bis 1952 visuell beobachteten Mirasterne dar, bei denen mindestens 9 Maxima bestimmt werden konnten. Insgesamt sind rund 30000 Beobachtungen bearbeitet worden. Bei 13 Sternen habe ich unter Benutzung der Beobachtungen von A. A. NIJLAND [1] die Reihen bis in die Jahre 1905 bzw. 1906 ausdehnen können. Für die meisten dieser Sterne ließ sich mittels einer Anzahl gleichzeitig beobachteter Erscheinungen ein befriedigender Anschluß herstellen. Bei einigen Sternen, bei denen infolge der Verwendung verschiedener Vergleichsterne ein Unterschied in der Helligkeitsskala auftrat, habe ich NIJLANDs Größen auf die meinen reduziert.

Für Maxima, die sowohl von NIJLAND als von mir beobachtet wurden, sind hier die Mittel der Zeiten sowie der Helligkeiten gegeben. Minima wurden von NIJLAND nicht übernommen und auch die Maxima nur zu dem Zweck, um bessere mittlere Perioden und vor allem mehr Zyklen zwischen den Maxima zur Ableitung der Korrelation zwischen Zyklenlänge und folgender Maximalhelligkeit zu erhalten (s. u.: Die Bearbeitung).

Mit dieser einen Ausnahme habe ich mich auf die eigenen Beobachtungen beschränkt, um das Material möglichst homogen zu halten und um überhaupt in der vorgesehenen Zeit zum Abschluß zu kommen. Vergleiche mit den Ergebnissen anderer Beobachter haben gezeigt, daß der Einfluß der Beobachtungsfehler auf die Bestimmung eines Maximums aus einer genügend dichten Reihe gering ist (s. auch den Schluß des Abschnittes: Die Beobachtungen). Auch aus diesem Grunde kann die Beschränkung auf das eigene Beobachtungsmaterial verantwortet werden.

Die Beobachtungen

Als Instrument diente bis 1937 ein 76 mm-Fernrohr von MERZ, seit 1938 ein 162 mm-Refraktor der gleichen Firma sowie ein 80 mm-AS-Fernrohr von Zeiß und ein 100 mm-Spiegel von A. WILKE. Vergleichende Beobachtungen ergeben keinen systematischen Unterschied zwischen dem 80 mm- und dem 100 mm-Instrument; im 162 mm-Refraktor wurden die Mirasterne im hellen Licht bis zu $0\overset{m}{.}1$ heller geschätzt. Da aber die Maxima fast alle mit den kleineren Instrumenten beobachtet wurden und die mit dem großen und dem kleinen Instrument beobachteten Kurven ohne merkliche Unstetigkeit ineinander übergehen, habe ich auf eine Reduktion auf ein besonderes Instrument verzichtet.

Bis 1927 sind die Beobachtungen nach der Stufenschätzungsmethode ausgeführt worden mit der Modifikation, daß auch das Verhältnis der zunächst einzeln geschätzten Stufendifferenzen a—v und v—b durch einen zusätzlichen Vergleich der Helligkeitsdifferenzen bestimmt wurde. Die ursprünglich geschätzten Stufenzahlen wurden dann unter möglichst geringer Änderung nach diesem Verhältnis korrigiert und niedergeschrieben. Beispiel: Erste Schätzung a 2 v, v 4 b; Verhältnis der Differenzen 2:3, Niederschrift a 2.4 v 3.6 b. Die Schätzungen blieben also für die Ableitung der Stufenzahl brauchbar, für die Reduktion war aber das Verhältnis der Stufenzahlen maßgebend. (Das gleiche Verfahren wende ich noch heute bei photographischen Beobachtungen an). Seit 1928 standen mir die mit Hilfe der Harvardsternwarte herausgegebenen Karten der AAVSO zur Verfügung, die die photometrischen Helligkeiten der Vergleichsterne im Harvardsystem enthalten. Im allgemeinen habe ich von diesem Jahre an die Veränderlichen unmittelbar in dieses System von Vergleichsternhelligkeiten eingeschätzt und die Helligkeit sofort in Größenklassen notiert. Nur dort, wo meine Auffassung auffallend von den gegebenen Werten abwich, habe ich mit Hilfe eigener Stufenschätzungen durch Ausgleichung die Kartenhelligkeiten korrigiert.

Der mittlere Fehler einer Schätzung, bestimmt aus den Abweichungen von einem möglichst glatten Kurvenzug, hielt sich meist in den Grenzen von $\pm$ 0ᵐ06 bis $\pm$ 0ᵐ10. Er schwankte für die verschiedenen Sterne und auch für einzelne Kurvenabschnitte des gleichen Sterns je nach dem Helligkeits- und Farbenunterschied und dem sphärischen Abstand der jeweils zur Verfügung stehenden Vergleichsterne.

Die Ableitung der Maxima und Minima erfolgte graphisch aus der Lichtkurve. Aus dem Vergleich von 80 von NIJLAND und mir und von 45 von LORETA [2] und mir gleichzeitig beobachteten Maxima ergab sich unter der Voraussetzung, daß der jeweilige Mittelwert richtig sei, die auffallend geringe Streuung von $\pm$ 2ᵈ5.

Die Bearbeitung

Das Ziel der Bearbeitung war zunächst die Ableitung mittlerer Elemente für die Beobachtungszeiträume der einzelnen Sterne. Mit Hilfe der $B-R$-Diagramme wurden dann für die Sterne, bei denen offenbar systematische Gänge der $B-R$ auftraten, instantane Elemente bestimmt. Weiter wurden alle direkt ableitbaren Zyklen, d.h. die Zeitdifferenzen zwischen zwei unmittelbar aufeinanderfolgenden Maxima gebildet und die Abweichungen dieser Zyklen von den jeweils gültigen instantanen Perioden ($\Delta Z = Z - P$) sowie die Streuung der Zyklen $\left(\sigma_z = \frac{\Sigma|\Delta Z|}{\sqrt{n(n-1)}}\right)$ bestimmt.

Bei der Ableitung der Elemente habe ich mich nicht der GAUSSschen Methode der kleinsten Quadrate, sondern der Ausgleichsmethode nach CAUCHY bedient. Die GAUSSsche Methode würde am Platz sein, wenn wirklich eine streng eingehaltene Periode vorhanden wäre, wie es bei δ Cephei- und Bedeckungssternen der Fall ist.

Bei den Mirasternen existiert aber eine solche streng eingehaltene Periode nicht, die Differenzen der Zyklen sind zu groß, als daß sie nur aus Beobachtungsfehlern erklärt werden könnten. Es bestehen mit Sicherheit reelle Differenzen zwischen den Zyklen, deren Größe und Vorzeichen sich nicht vorhersagen lassen. Da es sich bei den beobachteten Unregelmäßigkeiten im Ablauf der Zyklen also nicht nur — und bei geübten Beobachtern sogar nur zum kleineren Teil — um Beobachtungsfehler handelt, entfallen wesentliche Voraussetzungen der GAUSSschen Methode: Erstens ist die zu ermittelnde Periode keine streng konstante Größe, und zweitens sind größere Abweichungen relativ häufiger als es bei zufälliger Fehlerverteilung zu erwarten ist.

Infolgedessen ist die einfachere CAUCHYsche Methode ausreichend und dem tatsächlichen Sachverhalt durchaus angemessen. Ebenso gibt das einfache algebraische Mittel der $B-R$ ein hinreichendes Kriterium für die zu erwartenden Unregelmäßigkeiten.

Außerdem wurde die mittlere Helligkeit der Maxima ($\overline{m}_{\text{Max.}}$) — und wo es möglich war, auch der Minima — abgeleitet sowie die Streuung der Maximumhelligkeiten

$$\left(\sigma_m = \frac{\Sigma\,|m_{\text{Max}} - \overline{m}_{\text{Max}}|}{\sqrt{n\,(n-1)}}\right).$$

Soweit die Minima beobachtet wurden, sind sie am Ende der Bearbeitung dieser Sterne aufgeführt. Abgeleitet wurden die Werte $t_M - t_m$ und $t_M - t_m/P$ aus den tatsächlich beobachteten Differenzen zwischen Maximum und vorhergehendem Minimum. Die $B-R$ der Minima sind meist mit den zur Zeit geltenden instantanen Perioden gerechnet, wobei die Ausgangsepoche so gewählt wurde, daß die algebraische Summe der Differenzen möglichst klein wurde. Die Elemente der Minima sind nur dort besonders gegeben, wo die Periode gegenüber den für die Maxima angenommenen Werten geändert wurde. Außerdem ist noch die mittlere Minimumhelligkeit und ihre Streuung gegeben und bei den Sternen, bei denen 10 und mehr Zyklen zwischen den Minima beobachtet sind, die Streuung dieser Zyklen (σ_z).

Insgesamt ergab das Beobachtungsmaterial 1001 Zyklen zwischen den Maxima von 39 Sternen. Die übrigen 7 Sterne lieferten entweder wegen der Kürze des Beobachtungszeitraums oder wegen der ungünstigen Periodenlänge und Position ($P = {}^1/_2$ oder ${}^2/_3$ Jahr, so daß bei niedriger Deklination fast jedes zweite bzw. dritte Maximum in die Sonnenlücke fällt) nicht genügend Zyklenwerte. Es erschien jetzt aussichtsreich, die Frage einer Beziehung zwischen der Zyklenlänge und der Helligkeit des folgenden Maximums wieder anzugreifen, die schon früher auf Grund eines wesentlich geringeren Materials (354 Zyklen von 29 Sternen) untersucht worden war [3]. Damals war für einen Teil der Sterne eine Abhängigkeit der Maxima von dem abgelaufenen Zyklus in dem Sinne gefunden worden, daß auf lange Zyklen niedrige, auf kurze Zyklen hohe Maxima folgen. Der Zusammenhang war für einige Sterne streng, für andere geringer, für einige nicht nachweisbar. Zu diesem Zwecke wurden die Maxima jedes Sterns nach ihrer Helligkeit und die Differenzen der Zyklen gegen die Perioden von negativen zu positiven Werten wachsend zu je 3 Gruppen geordnet und in jeder Gruppe die zugehörigen ΔZ bzw. m_{Max} gemittelt sowie ihre Streuung bestimmt. Diese Gruppierung gibt bereits einen Anhalt, ob die erwartete Beziehung für den Stern besteht. Um ein vergleichbares Maß der Abhängigkeit zu erhalten, wurde weiter der Korrelationsfaktor der Beziehung (ΔZ, m_{Max}) berechnet.

Der letzte Teil der Untersuchung bezweckt, eine Beziehung dieses Korrelationsfaktors zu anderen Eigenschaften der Sterne zu finden: Periodenlänge, Streuung der m_{Max} und der Zyklenlängen, Amplitude, Kurvenform, Spektrum und zu der Zugehörigkeit zu den Populationen I bzw. II. Die Ergebnisse sind am Schluß der Arbeit zusammengestellt.

Im Anhang sind charakteristische Abschnitte der Lichtkurven der bearbeiteten Sterne wiedergegeben.

R Andromedae

E	Max.	Gr.	$B-R$
0	24 25 516	$6^m_{\cdot}5$	$+\ 1^d$
1	25 961	8.0	+34
2	26 340	6.9	+ 1
3	26 735	7.0	−16
4	27 146	6.8	−17
6	27 987	6.4	− 1
7	28 403	7.2	+ 3
8	28 800	6.4	−12
9	29 236	7.2	+12
10	29 614	5.8	−24
16	32 130	7.3 pg.	+20
17	32 523	6.2	+ 1
18	32 936	6.5	+ 2
19	33 344	6.1	− 4

Max. = $2425515 + 412^d_{\cdot}2 \cdot E$; $\overline{B-R} = \pm 10^d_{\cdot}2 = \pm 2.5\%$ der Periode

$\overline{m}_{\text{Max}} = 6^m_{\cdot}69$; $\sigma_m = \pm 0^m_{\cdot}47$ ($5^m_{\cdot}8 - 8^m_{\cdot}0$)

$\sigma_z = \pm 18^d_{\cdot}0 = 4.4\%$.

$\overline{\Delta Z}$	$\overline{m}_{\text{Max}}$	σ_m	n	m_{Max}	$\overline{\Delta Z}$	σ_z	n
$-29^d_{\cdot}3$	$6^m_{\cdot}30$	$\pm 0^m_{\cdot}49$	3	$6^m_{\cdot}03$	$-20^d_{\cdot}3$	$\pm 12^d_{\cdot}7$	3
− 7.6	6.56	±0.30	5	6.72	−13.0	±11.6	5
+20.3	7.47	±0.44	3	7.47	+20.3	±13.3	3

$$r(\Delta Z,\ m_{\text{Max}}) = +0.733 \pm 0.139 \ (n = 11)$$
$$m_{\text{Max}} = 6^m_{\cdot}92 + 0^m_{\cdot}030 \cdot \Delta Z$$
$$\Delta Z = -37^d_{\cdot}5 + 33^d_{\cdot}76\,(m_{\text{Max}} - 5^m_{\cdot}8).$$

W Andromedae [1]

E	Max.	Gr.	$B-R_1$	$B-R_2$
0	2416 984	$8^m_{\cdot}15$	$+\ 8^d$	$+\ 8^d$
1	17 375	8.05	+ 2	+ 3
2	17 757	6.2	−13	−11
3	18 162	7.4	− 5	− 2
4	18 562	6.95	− 2	+ 2

[1]) Bis E 24 Nijland, E 25 Mittel Nijland-Ahnert.

E	Max.	Gr.	$B-R_1$	$B-R_2$
5	2418 958	$7^m.0$	-3^d	$+2^d$
6	19 354	6.6	− 4	+ 2
7	19 750	8.65	− 5	+ 2
8	20 136	7.2	−16	− 8
9	20 532	6.8	−17	− 8
10	20 936	8.0	−10	0
11	21 333	6.75	−10	+ 1
12	21 734	7.2	− 6	+ 6
13	22 144	7.95	+ 7	+ 3
14	22 544	7.75	+10	+ 6
15	22 937	7.8	+ 6	+ 2
16	23 330	7.3	+ 2	− 2
17	23 726	6.8	+ 1	− 3
18	24 124	7.2	+ 2	− 2
19	24 525	6.95	+ 6	+ 2
20	24 927	8.2	+11	+ 7
21	25 315	7.6	+ 2	− 2
22	25 722	6.6	+12	+ 8
23	26 114	7.2	+ 7	+ 3
24	26 507	7.15	+ 3	+ 1
25	26 909	7.25	+ 8	+ 4
26	27 299	7.7	+ 1	− 3
27	27 690	8.0	− 5	− 9
28	28 090	7.4	− 2	− 6
29	28 485	6.8	− 4	− 8
30	2428 890	8.5	+ 4	0
31	29 293	8.6	+10	+ 6
32	29 689	7.5	+ 9	+ 5
40	32 854	7.4	− 2	− 6

Mittlere Elemente:

(I) $M = 2416976 + 397^d \cdot E$; $\overline{B-R} = \pm 6^d.8 = 1.7\%$

Instantane Elemente:

(I) $M = 2416976 + 396^d \cdot E$; $\overline{B-R} = \pm 4^d.2 = 1.1\%$

(II) $M = 2422141 + 397^d \cdot (E-13)$; $\overline{B-R} = \pm 4^d.2 = 1.1\%$

$\overline{m}_{Max} = 7^m.43$; $\sigma_m = \pm 0^m.50$ ($6^m.2 - 8^m.65$)

$\sigma_z = \pm 5^d.05 = \pm 1.3\%$.

$\overline{\Delta Z}$	$\overline{m}_{Max}$	σ_m	n	$\overline{m}_{Max}$	$\overline{\Delta Z}$	σ_z	n
$-7^d.1$	$7^m.42$	$\pm 0^m.43$	10	$6^m.72$	$-0^d.3$	$\pm 4^d.4$	9
+0.2	7.20	±0.47	12	7.32	−1.6	±4.8	13
+7.0	7.66	±0.62	10	8.15	+2.5	±5.7	10

$r(\Delta Z, m_{Max}) = +0.223 \pm 0.168$ ($n = 32$)

R Aquilae[1])

E	Max.	Gr.	$B-R_1$	$B-R_2$
0	2416 944	$6^m.59$	-94^d	$+15^d$
1	17 246	5.99	− 99	− 4
2	17 560	6.09	− 93	−11
3	17 890	6.29	− 70	− 2
4	18 210	6.39	− 58	− 3
5	18 545	5.99	− 31	+11
6	18 853	5.89	− 30	− 2
7	19 187	6.59	− 4	+11
8	19 500	6.09	+ 2	+ 3
9	19 818	6.29	+ 12	0
10	20 124	5.79	+ 10	−15
11	20 448	6.19	+ 27	− 2
12	20 757	6.29	+ 28	− 2
13	21 070	6.09	+ 34	+ 1
14	21 380	6.09	+ 36	+ 1
15	21 682	6.69	+ 30	− 7
16	21 996	5.29	+ 37	− 3
17	22 313	7.09	+ 46	+ 5
18	22 628	6.29	+ 54	+10
19	22 930	6.19	+ 48	+ 2
20	23 238	7.45	+ 48	0
21	23 554	5.89	+ 57	− 6
22	23 866	6.69	+ 61	+ 9
23	24 161	6.99	+ 49	− 6
24	24 485	5.89	+ 65	+ 8
25	24 790	5.79	+ 62	+ 3
26	25 089	5.79	+ 54	− 8
27	25 407	6.29	+ 64	+ 1
28	25 719	7.19	+ 69	+ 3
29	26 020	5.99	+ 62	− 6
30	26 340	6.69	+ 74	+ 5
31	26 639	6.19	+ 66	+ 3
32	26 931	5.79	+ 50	− 6
33	27 234	6.57	+ 46	− 4
34	27 533	6.24	+ 37	− 6
37	28 445	5.70	+ 26	+ 4
38	28 745	6.00	+ 19	+ 3
39	29 045	6.10	+ 11	+ 2
40	29 340	5.70	− 2	− 4
41	29 658	6.10	+ 9	+13
42	29 959	6.40	+ 2	+13
43	30 255	6.20 phg.[2])	− 9	+ 8

[1]) Bis E 19 und E 21 bis 26 sowie E 29 und 30 NIJLAND, E 20, 27, 28, 31 bis 34 Mittel NIJLAND-AHNERT.

[2]) Auf Agfa ISS-Platten ohne Filter.

E	Max.	Gr.	$B-R_1$	$B-R_2$
44	2430 542	$6^m.90$ phg.	-30^d	-6^d
45	30 845	7.50 ,,	− 35	− 4
46	31 140:	7.20 ,,	− 47	−10
48	31 743	6.20	− 59	− 9
49	32 043	6.70	− 67	−10
50	32 356	6.30	− 62	+2
51	32 658	7.30	− 67	+ 3
52	32 950	6.50	− 83	− 6
53	33 261	6.60	− 79	+4
54	33 554	5.00	− 94	− 4
55	33 867	7.00	− 89	+ 8
56	34 155	6.40	−108	− 5

Die Ableitung von mittleren Elementen hat bei diesem Stern, dessen Periode sich seit seiner Entdeckung fortgesetzt in unregelmäßigen Sprüngen verkürzt hat, keine reelle Bedeutung. Sie sind hier nur gegeben, um am Gang der $B-R_1$ die Auswirkung dieser einseitigen Periodenänderung zu demonstrieren.

Mittlere Elemente:

$M = 2417038 + 307^d.6 \cdot E;$ $\overline{B-R} = \pm 48^d.2 = \pm 15.7\%$

Instantane Elemente:

(I) $M = 2416929 + 321^d.0 \cdot E$ $\overline{B-R} = \pm 7^d.0 = \pm 2.2\%$

(II) $M = 2420450 + 309.8 \cdot (E-11)$ $\overline{B-R} = \pm 4.4 = \pm 1.4\%$

(III) $M = 2426335 + 301.0 \cdot (E-30)$ $\overline{B-R} = \pm 5.9 = \pm 2.0\%.$

$\overline{m}_{Max} = 6^m.27;\quad \sigma_m = \pm 0^m.36\ (5^m.00 - 7^m.45)$

$\sigma_z = \pm 7^d.1 = 2.3\%.$

$\overline{\Delta Z}$	$\overline{m}_{Max}$	σ_m	n	$\overline{m}_{Max}$	$\overline{\Delta Z}$	σ_z	n
$-10^d.2$	$6^m.04$	$\pm 0^m.34$	16	$5^m.77$	$-4^d.1$	$\pm 8^d.6$	14
+ 0.2	6.41	±0.39	18	6.24	+0.1	±5.8	20
+10.5	6.38	±0.33	13	6.89	+2.5	±7.1	13

$r\,(\Delta Z,\ m_{Max}) = +0.237 \pm 0.136\ (n = 47).$

E	Min.	Gr.	$B-R_2$
29	2425 892	$11^m.7$	-10^d
30	26 210	11.6	+ 7
31	26 496	11.4	− 8
39	28 909	12.0	− 3
40	29 212	11.8	− 1
41	29 516	11.2	+ 2
42	29 821	11.2	+ 6
43	30 103	10.8 phg.[1]	−13
49	31 936	11.7	+14

[1]) Auf Agfa ISS-Platten ohne Filter.

E	Min.	Gr.	$B-R_2$
52	2432 827	$11^{m}.1$	$+ 2^d$
53	33 131	11.0	+ 5
54	33 415	10.6	−12
55	33 727	11.7	− 1

(III) $t_M - t_m = 133^d$; $t_M - t_m/P = 0.44$ $\overline{B-R} = \pm 6^d.5 = \pm 2.2\%$
$\overline{m}_{Min} = 11^m.42$; $\sigma_m = \pm 0^m.35$ ($10^m.6 - 12^m.0$).

RT Aquilae

E	Max.	Gr.	$B-R_1$	$B-R_2$
0	2425 884	$9^m.2$	$+ 9^d$	$- 4^d$
2	26 551	8.8	+16	+ 9
3	26 861	8.7	− 4	− 8
4	27 200	8.4	+ 5	+ 4
10	29 158	8.6	−17	0
12	29 827	9.3 phg[1])	− 8	+ 1
13	30 156	9.0 ,,	− 9	− 2
14	30 496	8.4 ,,	+ 1	+ 5
15	30 823	9.0	− 2	0
21	32 814	9.1	+ 9	− 4

Mittlere Elemente:

Max. = $2425875 + 330^d \cdot E$; $\overline{B-R} = \pm 8^d.0 = \pm 2.4\%$

Instantane Elemente:

(I) Max. = $2425888 + 327^d \cdot E$; $\overline{B-R} = \pm 5^d.0 = \pm 1.5\%$

(II) Max. = $2429826 + 332^d \cdot (E - 12)$ $\overline{B-R} = \pm 2^d.4 = \pm 0.7\%$

$\overline{m}_{Max} = 8^m.83$; $\sigma_m = \pm 0^m.25$.

R Arietis[1])

E	Max.	Gr.	$B-R_1$	$B-R_2$
0	2416 846	$7^m.5$	$+ 8^d$	$- 7^d$
1	17 036	7.3	+12	− 2
2	17 223	8.0	+12	− 1
3	17 413	7.5	+15	+ 3
4	17 593	7.7	+ 9	− 3
5	17 786	7.8	+15	+ 4
6	17 964	7.3	+ 6	− 3
7	18 150	8.0	+ 6	− 3
8	18 339	7.9	+ 8	0
9	18 523	7.9	+ 5	− 2
10	18 708	7.3	+ 3	− 3
11	18 904	8.6	+13	+ 8
12	19 078	7.9	0	− 4

[1]) Bis E 45 NIJLAND, E 47 bis 54 Mittel NIJLAND-AHNERT.

E	Max.	Gr.	$B-R_1$	$B-R_2$
13	2419 277	$7^m.8$	$+12^d$	$+\ 9^d$
14	19 462	8.2	+11	+ 8
15	19 643	7.7	+ 5	+ 3
16	19 829	8.0	+ 4	+ 4
17	20 014	7.8	+ 3	+ 3
18	20 195	8.0	− 3	− 2
19	20 383	7.6	− 2	0
20	20 569	8.7	− 3	0
21	20 755	8.0	− 3	+ 1
22	20 937	7.9	− 8	− 3
23	21 125	7.8	− 7	− 3
24	21 312	8.0	− 6	0
25	21 507	8.8	+ 2	+ 9
26	21 677	7.5	−15	− 6
27	21 876	8.1	− 2	− 2
29	22 248	8.0	− 4	− 3
31	22 626	8.5	+ 1	+ 2
33	22 997	7.6	− 2	0
35	23 368	8.2	− 4	− 2
37	23 744	7.9	− 1	+ 1
39	24 121	8.0	+ 2	+ 5
41	24 484	7.7	− 8	− 5
43	24 861	8.1	− 5	− 1
45	25 235	8.6	− 4	0
47	25 605	8.1	− 7	− 3
49	25 980	8.8	− 6	− 1
51	26 350	8.4	− 9	− 4
52	26 542	7.8	− 4	+ 2
53	26 730	8.7	− 3	+ 3
54	26 913	7.8	− 6	0
55	27 103	8.7	− 3	+ 3
56	27 291	8.1	− 2	+ 5
57	27 460	8.2	−19	−13
58	27 656	7.6	−10	− 4
59	27 837	7.9	−16	−10
60	28 043	8.0	+ 3	+ 9
61	28 221	7.6	− 5	0
62	28 424	8.6	+11	+16
64	28 783	7.9	− 3	+ 1
65	28 966	7.5	− 7	− 3
66	29 162	8.0	+ 2	+ 6
68	29 525	8.0	− 8	− 5
70	29 915	8.0	+ 8	+11
72	30 280	9.1 phg.	0	+ 2
74	30 644	9.1 phg.	− 9	− 8
76	31 020	8.8 phg.	− 7	− 6

E	Max.	Gr.	$B-R_1$	$B-R_2$
78	2431 392	$8^m.4$ phg.	-8^d	-8^d
82	32 158	8.4	+11	+10
84	32 520	8.2	0	−2
86	32 906	8.3	+12	+10

Mittlere Elemente:

$M = 241\,6838 + 186^d.7 \cdot E;$ $\qquad \overline{B-R} = \pm 6^d.5 = \pm 3.5\%$

Instantane Elemente:

(I) $M = 241\,6853 + 185^d.8 \cdot E;$ $\qquad \overline{B-R} = \pm 3^d.5 = \pm 1.9\%$

(II) $M = 242\,1878 + 186.5 \cdot (E-27);$ $\qquad \overline{B-R} = \pm 2.4 = \pm 1.3\%$

(III) $M = 242\,7473 + 187.0 \cdot (E-57);$ $\qquad \overline{B-R} = \pm 7.1 = \pm 3.8\%$

$\overline{m}_{Max} = 8^m.00;\quad \sigma_m = \pm 0^m.28\ (7^m.3 - 8^m.8)$

$\sigma_z = \pm 6^d.0 = \pm 3.2\%$

$\overline{\Delta Z}$	$\overline{m}_{Max}$	n	σ_m	$\overline{m}_{Max}$	$\overline{\Delta Z}$	n	σ_z
$-9^d.4$	$7^m.79$	9	$\pm 0^m.22$	$7^m.50$	$-2^d.7$	(10)	$\pm 5^d.5$
0.0	7.98	20	±0.35	7.95	−1.0	(22)	±5.9
+10.7	8.11	10	±0.35	8.70	+5.4	(7)	±5.6

$r\,(\Delta Z,\ m_{Max}) = +0.263 \pm 0.147\ (n = 39).$

E	Min.	Gr.	$B-R_2$
67	2429 251	$12^m.9$	-8^d
69	29 632	12.9	−1
70	29 820	13.2	0
84	32 448	11.5	+9
86	32 815	13.3	+2

(III) $t_M - t_m = 84^d;\ t_M - t_m/P = 0.45.$

R Aurigae[1]

E	Max.	Gr.	$B-R_1$	$B-R_2$
0	2417 026	$7^m.7$	$+41^d$	$+6^d$
1	17 484	7.5	+40	+16
2	17 904	8.4	0	−12
3	18 355	7.8	−9	−9
4	18 798	7.8	−25	−14
5	19 247	7.9	−36	−13
6	19 702	8.25	−41	−6
7	20 172	8.0	−30	+16
8	20 612	7.75	−50	+8

[1]) Bis E 18 NIJLAND, E 19 bis 21 Mittel NIJLAND-AHNERT.

E	Max.	Gr.	$B-R_1$	$B-R_2$	
9	2421 061	$7^m.5$	-61^d	$+9^d$	0^d
10	21 527	7.4	−55		+1
11	22 000	8.25	−41		+9
12	22 451	7.2	−50		−5
13	22 925	8.3	−36		+4
14	23 382	7.7	−38		−4
15	23 850	7.9	−30		−1
16	24 313	7.35	−27		−3
17	24 811	8.15	+12	0	
18	25 281	7.95	+22	+ 7	
19	25 734	7.4	+15	− 3	
20	26 204	7.8	+25	+ 4	
21	26 661	7.3	+23	− 2	
22	27 126	7.7	+28	0	
24	28 052	8.3	+35	0	
25	28 510	7.3	+33	− 5	
26	28 970	7.7	+33	− 8	
27	29 446	7.7	+50	+ 5	
28	29 887	8.4	+31	+ 1	
33	32 193	7.4	+38	+ 7	
34	32 637	6.7	+23	− 9	
35	33 098	6.7	+24	− 8	
36	33 574	7.6	+40	+ 8	

Mittlere Elemente:

$M = 2416985 + 459^d.7 \cdot E.$ $\qquad \overline{B-R} = \pm 32^d.6 = \pm 7.1\,\%$

Instantane Elemente:

I) $M = 2417020 + 448^d \cdot E;$ $\qquad \overline{B-R} = \pm 10^d.9 = \pm 2.4\%$

II) $M = 2421061 + 465 \cdot (E - 9);$ $\qquad \overline{B-R} = \pm 3.4 = \pm 0.7\%$

III) $M = 2424811 + 463 \cdot (E - 17);$ $\qquad \overline{B-R} = \pm 3.4 = \pm 0.7\%$

IV) $M = 2429886 + 460 \cdot (E - 28);$ $\qquad \overline{B-R} = \pm 6.6 = \pm 1.4\%$

$$m_{Max} = 7^m.71; \quad \sigma_m = \pm 0^m.34 \; (6^m.7 - 8^m.4)$$
$$\sigma_z = \pm 9^d.7 = 2.1\,\%.$$

$\overline{\Delta Z}$	$\overline{m}_{Max}$	σ_m	n	$\overline{m}_{Max}$	$\overline{\Delta Z}$	σ_m	n
$-11^d.1$[1]	$7^m.36$	$\pm 0^m.28$	7	$7^m.24$	$-5^d.7$	$\pm 9^d.1$	10
− 0.4	7.55	±0.31	10	7.73[1]	+ 1.9	±7.4	9
+13.4	7.95	±0.25	10	8.09	+11.5	±7.1	8

$$r\,(\Delta Z,\ m_{Max}) = +\,0.579 \pm 0.128^{1)} \; (n = 27)$$
$$m_{Max} = 7^m.56 + 0^m.0425\,\Delta Z$$
$$\Delta Z = -18^d.0 + 23^d.5\,(m_{Max} - 6.8).$$

---

[1]) Ohne Ep. 2.

R Bootis

E	Max.	Gr.	$B-R_1$	$B-R_2$
0	2423 488	$7^m.8$	-15^d	$+8^d$
2	23 939	7.5	−11	+ 8
4	24 380	7.45	−18	− 3
10	25 734	7.8	− 8	− 4
12	26 196	7.5	+ 7	+ 7
13	26 426	7.8	+13	+11
14	26 639	7.2	+ 2	− 2
15	26 864	8.0	+ 3	− 3
16	27 080	7.3	− 5	−12
17	27 320	7.7	+11	+ 2
18	27 546	7.7	+13	+ 2
20	27 992	7.8	+11	− 4
21	28 224	7.4	+20	+ 3
22	28 451	8.1	+23	+ 4
23	28 667	7.5	+25	− 6
24	28 896:	7.7	+20:	− 3:
25	29 107	6.9	+ 7	− 2
26	29 328	7.6	+ 4	− 3
27	29 546	7.4	− 2	− 8
28	29 778	7.5	+ 6	+ 1
29	30 004	7.8	+ 8	+ 4
30	30 223	6.8	+ 3	0
31	30 448	7.25	+ 5	+ 3
33	30 890	7.6 phg.	− 1	− 1
36	31 570	7.9 „	+ 7	+11
38	31 994	6.6	−17	−11
39	32 229	7.4	− 6	+ 1
40	32 446	6.9	−13	− 5
41	32 670	7.5	−12	− 3
42	32 891	7.8	−15	− 5
43	33 116	7.4	−14	− 3
44	33 338	7.0	−16	− 4
45	33 575	6.7	− 3	+10
46	33 794	7.95	− 8	+ 7
48	34 236	7.5	−14	+ 3

Mittlere Elemente:

$M = 2423503 + 223^d.9 \cdot E$ $\qquad \overline{B-R} = \pm 10^d.5 = \pm 4.7\%$

Instantane Elemente:

I) $M = 2423480 + 225^d.8 \cdot E;$ $\qquad \overline{B-R} = \pm\ 5^d.1 = \pm 2.3\%$

II) $M = 2429109 + 222.8\,(E-25);$ $\qquad \overline{B-R} = \pm\ 4.5 = \pm 2.0\%$

$\overline{m}_{\text{Max}} = 7^m.46;\ \ \sigma_m = \pm 0^m.29\ (6^m.6 - 8^m.1)$

$\sigma_z = 6^d.2 = 2.6\%.$

$\overline{\Delta Z}$	$\overline{m}_{Max}$	σ_m	n	$\overline{m}_{Max}$	$\overline{\Delta Z}$	σ_z	n
$-8^d.3$	$7^m.22$	$\pm 0^m.29$	9	$7^m.05$[1]	$-7^d.7$	$\pm 4^d.7$	7
+0.4	7.67	±0.25	8	7.46	+1.6	±6.0	8
+7.3[1]	7.61	±0.17	7	7.84	+2.2	±3.5	9

$$r\,(\Delta Z,\ m_{Max}) = +\,0.422 \pm 0.168^{1)}\ (n = 24)$$

$$m_{Max} = 7^m.54 + 0^m.0663 \cdot \Delta Z$$

$$\Delta Z = 8^d.2 + 15^d.1\ (m_{Max} - 7).$$

E	Min.	Gr.	$B-R_2$
15	2426 777	$12^m.4$	—
23	28 559	12.5	—
25	29 008	12.4	$-\ 3^d$
26	29 235	12.5	+ 2
27	29 458	12.4	+ 2
28	29 676	12.7	− 3
29	29 900	12.8	− 2
30	30 124	12.4	− 1
31	30 356	12.5	+ 9
32	30 578	13.2 phg.	+ 8
33	30 785	12.8 phg.	− 8
35	31 250:	13.4 phg.	+11
39	32 133	12.8	+ 3
40	32 350	12.1	− 3
42	32 798	12.2	0
43	33 012	12.4	− 9
44	33 244	12.4	0
45	33 461	12.3	− 6
48	34 137	12.3	+ 2

(III) $t_M - t_m = 98^d$; $t_m - t_m/P = 0.44$; $\overline{B - R} = \pm\ 4^d.2 = \pm\ 1.9\,\%$
$\overline{m}_{Min} = 12^m.44$; $\sigma_m = \pm\ 0^m.15$;

V Bootis

E	Max.	Gr.	$B-R_1$	$B-R_2$
0	2425 757	$7^m.7$	$+11^d$	$+11^d$
1	26 000	8.0	− 3	− 3
2	26 242	7.4	−19	−19
3	26 494	7.8	−24	−24
4	26 775	8.0	− 1	− 1
5	27 035	7.9	+ 1	+ 1
6	27 290	7.3	− 1	− 1
9	28 085	7.9	+21	+21
10	28 337	7.8	+15	+15

[1]) Ohne Ep. 45.

E	Max.	Gr.	$B-R_1$	$B-R_2$
11	2428 599	$8^m\!.0$	$+20^d$	$+20^d$
12	28 821	8.0	−16	−16
13	29 087	7.7	− 7	− 7
14	29 362	7.6	+10	+10
15	29 600	7.3	−10	−10
16	29 862	8.0	− 5	− 5
17	30 122	7.95	− 3	− 3
18	30 384	7.9	+ 2	+ 2
19	30 601	8.0	−39	+ 1
20	30 865	8.9 phg.	−33	− 4
21	31 145	9.1 „	−10	+ 7
23	31 673	7.4	+ 3	− 3
24	31 946	7.5	+18	+ 1
25	32 202	7.7	+16	−12
26	32 485	7.5	+42	+ 2
27	32 759	7.9	+58	+ 7
28	32 943	8.1	−15	− 9
29	33 207	8.0	− 9	− 3
30	33 475	8.0	+ 1	+ 7
31	33 713	7.8	−18	−12
32	33 990	7.9	+ 1	+ 7
33	34 248	7.65	+ 2	+ 8

Mittlere Elemente:

$M = 2425746 + 257^d\!.6 \cdot E$; $\overline{B-R} = \pm 14^d\!.0 = \pm 5.4\%$

Instantane Elemente:

(I) $M = 2425746 + 257^d\!.6 \cdot E$; $\overline{B-R} = \pm 10^d\!.0 = \pm 3.9\%$

(II) $M = 2430600 + 269 \cdot (E-19)$; $\overline{B-R} = \pm\ 2.4 = \pm 0.9\%$

(III) $M = 2432952 + 257.6 \cdot (E-28)$; $\overline{B-R} = \pm\ 7.7 = \pm 3.0\%$

$\overline{m}_{Max} = 7^m\!.78$, $\sigma_m = \pm 0^m\!.20$ $(7^m\!.3 - 8^m\!.1)$

$\sigma_z = \pm 14^d\!.2 = \pm 5.5\%$.

$\overline{\Delta Z}$	$\overline{m}_{Max}$	σ_m	n	$\overline{m}_{Max}$	$\overline{\Delta Z}$	σ_z	n
$-28^d\!.1$	$7^m\!.79$	$\pm 0^m\!.25$	8	$7^m\!.46$	$-0^d\!.6$	$\pm 11^d\!.5$	7
+ 0.9	7.79	±0.17	11	7.82	− 0.8	± 9.9	9
+13.9	7.81	±0.20	7	8.00	−10.7	±23.9	10

$r(\Delta Z,\ m_{Max}) = -0.14 \pm 0.19$ $(n = 26)$.

E	Min.	Gr.	$B-R_1$	$B-R_2$
2	2426 145	$10^m\!.6$	$+ 5^d$	$+ 3^d$
3	26 401	10.7	+ 4	− 3
4	26 668	10.1	+14	− 1
5	26 928	9.7	+17	− 2

E	Min.	Gr.	$B-R_1$	$B-R_2$
6	2427 142	$9^m.5$	-26^d	(-50) + 3^d
8	27 664	9.6	−19	+ 1
9	27 933	9.7	− 7	+ 8
10	28 183	10.3	−14	− 4
11	28 444	10.5	−10	− 5
12	28 712	10.8	0	+ 1
13	28 963	10.5	− 6	−10
14	29 242	0.6	+16	+ 7
15	29 437	9.4	−46	−18 (−60)
16	29 739	10.2	− 1	+18
17	29 989	10.2	− 9	+ 2
18	30 250	10.8	− 5	− 4
19	30 521	10.7	+ 9	+ 1
20	30 792	11.8 phg.	+23	+ 5
22	31 315	10.8 ,,	+31	− 4
23	31 515	10.9 ,,	−26	(−71) −11
24	31 788	10.1	−10	− 1
25	32 061	11.0	+ 6	+ 8
26	32 334	11.0	+22	+18
28	32 842	10.6	+15	− 2
30	33 370	9.8	+29	− 1
31	33 622	9.25	+24	−12
32	33 820	9.5	−36	(−68)

Mittlere Elemente:

Min. = 2426140 + $257^d.2 \cdot E$; $\overline{B-R} = \pm 16^d.0 = \pm 6.2\%$

Instantane Elemente:

(I) Min. = 2426142 + $262^d7 \cdot (E-2)$; $\overline{B-R} = \pm 2^d.2 = \pm 0.9\%$

(II) Min. = 2427139 + $262.0 \cdot (E-6)$; $\overline{B-R} = \pm 4.9 = \pm 1.9\%$

(III) Min. = 2429455 + $266.4 \cdot (E-15)$; $\overline{B-R} = \pm 7.4 = \pm 2.8\%$

(IV) Min. = 2431526 + $263.6 \cdot (E-23)$; $\overline{B-R} = \pm 7.6 = \pm 2.9\%$

$\overline{m}_{Min} = 10^m.12$; $\sigma_m = \pm 0^m.50$ $(9^m.25 - 11^m.0)$; $\sigma_z = \pm 20^d.2 = \pm 7.8\%$

$t_M - t_m = 126^d$; $t_M - t_m/P = 0.49$.

Der Lichtwechsel von V Bootis zeigt trotz des normalen Spektrums (M6e) große Unregelmäßigkeiten. Die Werte für die $\overline{B-R}$ der mittleren Elemente und für die σ_z sind extrem hoch. Die Lichtkurve ist sehr veränderlich (die Werte für $t_M - t_m$ variieren von 73^d bis 170^d!) und das häufige Auftreten von sekundären Minima während der meist breiten Maxima gibt ihr das Aussehen einer RV Tauri-Kurve. Obgleich die Minima schärfer ausgebildet sind als die Maxima, ist die Streuung der Zyklen von Minimum zu Minimum noch größer als die Streuung der Zyklen zwischen den Maxima. Die Streuung der Minimalhelligkeiten ist mehr als doppelt so groß wie diejenige der Maximalgrößen, und während die letzteren ziemlich regellos streuen, ändern sich die Minimalgrößen in einer schlecht eingehaltenen Periode von etwa 2000^d (Abb. 1).

Bei den Maxima geht der Wert für $\overline{B-R}$ durch die Einführung instantaner Elemente von ±5.4% auf durchschnittlich ±2.9% zurück, auf etwas mehr als die Hälfte. Ein ausgeprägter Gang der $B-R$ für die mittleren Elemente tritt nur von Epoche 19 bis Epoche 27 auf (Abb. 1).

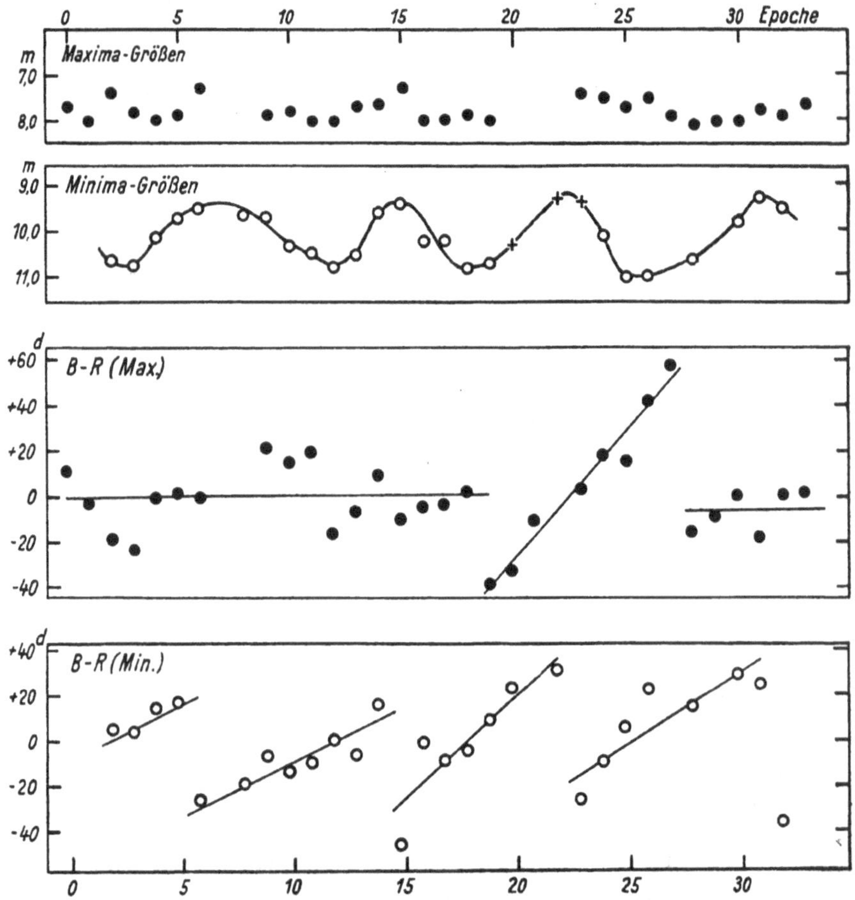

Abb 1. V Bootis

Bei den Minima zeigt das Diagramm der $B-R$ (Abb. 1), daß die instantanen Perioden sämtlich erheblich länger als die mittlere sind und daß der Ausgleich jedesmal durch einen großen Epochensprung (einen extrem kurzen Zyklus) erfolgt. Bemerkenswert ist, daß die Epochensprünge immer dann auftreten, wenn die Kurve der Minimalhelligkeiten ein Maximum erreicht (Abb. 1) Bei Anwendung der instantanen Elemente wird $\overline{B-R}$ durchschnittlich ±2.2% der Periode, also nur ein Drittel des Wertes, der bei der Rechnung mit mittleren Elementen auftritt (±6.2%).

V Cancri

E	Max.	Gr.	$B-R$
0	2423 882	$8^m.6$	-14^d
8	26 071	7.9	0
9	26 347	7.9	+ 4
12	27 162	8.0	+ 4
13	27 436	8.0	+ 6
17	28 518	7.9	0
20	29 335	8.2	+ 1
21	29 599	7.5	− 6
24	30 421	9.7 phg.	0
25	30 690	8.9 ,,	− 3
28	31 513	9.3 ,,	+ 4
31	32 322	8.0	− 2
32	32 601	8.8	+ 5
33	32 875	8.0	+ 7
36	33 679	7.9	− 5

$\text{Max.} = 2423896 + 271^d.9 \cdot E; \quad \overline{B-R} = \pm 4^d.1 = \pm 1.5\%$

$\overline{m}_{\text{Max}} = 8^m.06; \quad \sigma_m = \pm 0^m.25 \ (7^m.5 - 8^m.8)$

$\sigma_s = \pm 4^d.7 = \pm 1.7\%.$

E	Min.	Gr.
28	2429 225	$13^m.0$

R Canum Venaticorum

E	Max.	Gr.	$B-R_1$	$B-R_2$
0	2425 762	$7^m.8$	+ 8^d	$+1^d$
1	26 093	7.3	+ 7	+2
2	26 421	7.7	+ 2	0
3	26 749	7.9	− 2	−2
4	27 076	7.8	− 8	−5
5	27 410	8.1	− 7	−1
6	27 745	8.3	− 4	+4
7	28 070	8.2	−12	−1
8	28 404	7.6	−10	+3
9	28 734	7.7	−13	+3
10	29 070	7.9	−10	−3
11	29 408	7.9	− 4	+1
12	29 734	7.7	−11	−7
13	30 078	6.8	+ 1	+3
14	30 411	8.0	+ 1	+2
15	30 750	9.0 phg.	+ 7	+7
18	31 746	7.4	+ 6	+1
19	32 080	8.0	+ 7	+1
20	32 417	7.4	+11	+4

E	Max	Gr.	B-R_1	B-R_2
21	2432 743	$7^m_.9$	+ 5^d	−4^d
22	33 075	7.3	+ 4	−6
23	33 414	8.2	+11	−1
24	33 750	7.5	+14	+1
25	34 063	8.25	− 6	−

Mittlere Elemente:

$M = 242\,5754 + 332^d_.6 \cdot E$; $\overline{B-R} = \pm 7^d_.1 = 2.1\%$

Instantane Elemente:

(I) $M = 242\,5761 + 330^d_.0 \cdot E$; $\overline{B-R} = \pm 2^d_.0 = 0.7\%$

(II) $M = 242\,9073 + 334.0 \cdot (E-10)$; $\overline{B-R} = \pm 3.2 = 0.9\%$

$\overline{m}_{Max} = 7^m_.77$ $\sigma_m = \pm 0^m_.29$; $(6^m_.8 - 8^m_.3)$

$\sigma_z = \pm 4^d_.2 = \pm 1.3\%$

$\overline{\Delta Z}$	$\overline{m}_{Max}$	σ_m	n	$\overline{m}_{Max}$	$\overline{\Delta Z}$	σ_z	n
$-9^d_.0$	$7^m_.97$	$\pm 0^m_.25$	5	$7^m_.32$	$+3^d_.0$	$\pm 2^d_.9$	6
+0.1	7.67	±0.25	10	7.85	−1.8	±3.0	10
+5.3	7.82	±0.45	6	8.21	−2.4	±9.5	5

$r(\Delta Z, m_{Max}) = -0.382 \pm 0.186$ $(n = 21)$

E	Min.	Gr.	B–R_2
9	2428 594	$11^m_.9$	− 4^d
11	29 277	12.1	+14
12	29 599	11.8	+ 4
13	29 916	11.7	−12
14	30 247	12.2	−14
19	31 935	11.9	+11
20	32 252	11.9	− 4
22	32 920	12.1	− 1
23	33 262	12.2	+ 8

$t_M - t_m = 150^d$; $t_M - t_m / P_{II} = 0.45$

$\overline{m}_{Min} = 11^m_.98$; $\sigma_m = \pm 0^m_.16$ $(11^m_.7 - 12^m_.2)$

R Cassiopeiae

E	Max.	Gr.	B–R_1	B–R_{1a}	B–R_2
0	2425 557	$6^m_.6$	+32^d	(+36)^d	
1	25 971	6.0	+14	+18	+12^d
2	26 388	5.5	− 1	+ 3	− 1
3	26 809	6.4	−12	− 8	−10
4	27 253	6.5	0	+ 4	+ 4
5	27 680	5.8	− 5	− 1	+ 1
6	28 109	5.8	− 8	− 4	0
7	28 532	6.4	−17	−13	− 7

E	Max.	Gr.	$B-R_1$	$B-R_{1a}$	$B-R_2$
8	2428 969	$5^m.8$	-12^d	-8^d	-3^d
9	29 406	5.6	−7	−3	+1
10	29 838	6.2	−7	−3	0
11	30 274	6.4	−3	+1	+3
12	30 701	8.6 phg.	−8	−4	−3
13	31 140:	8.5 ,,	−1	+3	+3
14	31 570:	8.5 ,,	−3	+1	0
16	32 436	6.6	−1	+3	0
17	32 863	5.3	−6	−2	−6
18	33 304	6.5	+3	+7	+2
19	33 743	6.2	+10	+14	+8
20	34 198	6.2	+33	(+37)	

Mittlere Elemente:

Max. = 242 5953 + $432^d \cdot (E-1)$; $\overline{B-R_{1a}} = \pm 5^d.6 = \pm 1.3\%$ (ohne E0 und E20)
$\overline{B-R_1} = \pm 8.6 = \pm 2.0\%$ (mit E0 und E20)

Instantane Elemente:

(I) Max. = 2425959 + $430^d \cdot (E-1)$; $\overline{B-R} = \pm 4^d.4 = \pm 1.0\%$
(II) Max. = 2428972 + 433 $\cdot (E-8)$; $\overline{B-R} = \pm 2.6 = \pm 0.6\%$

$\overline{m}_{Max} = 6^m.11$; $\sigma_m = \pm 0^m.36$ ($5^m.3 - 6^m.6$)
$\sigma_z = \pm 9^d.4 = \pm 2.2\%$

$\overline{\Delta Z}$	$\overline{m}_{Max}$	σ_m	n	$\overline{m}_{Max}$	$\overline{\Delta Z}$	σ_z	n
$-10^d.2$	$5^m.92$	$\pm 0^m.47$	5	$5^m.63$	$-0^d.8$	$\pm 6^d.4$	6
+1.8	5.96	±0.30	5	6.15	+2.8	±13.0	4
+11.4	6.24	±0.23	5	6.44	+1.8	±8.7	5

$r(\Delta Z, m_{Max}) = +0.318 \pm 0.232$ ($n = 15$)

E	Min.	Gr.	$B-R_2$
9	2429 250	$13^m.1$	-8^d
10	29 687	12.5	−4
13	31 000±	—	+10
14	31 420±	—	−3
18	33 160:	11.7	+5

$t_M - t_m = 148^d$, $t_M - t_m / P_{II} = 0.34$

T Cassiopeiae [1])

E	Max.	Gr.	$B-R_1$	$B-R_2$
0	2416 936	$7^m.6$	-43^d	$+3^d$
1	17 387	8.0	−37	+4
2	17 833	7.6	−36	0
3	18 273	7.8	−42	−10

[1]) Bis E 19 NIJLAND.

E	Max.	Gr.	$B-R_1$	$B-R_2$
4	2418 710	8^{m}3	-50^d	-23^d
5	19 204	8.0	− 2	+21
6	19 655	8.1	+ 4	+22
7	20 116	7.8	+20	+33
8	20 548	7.7	+ 6	+15
9	20 972	7.6	−15	−11
10	21 402	7.7	−21	−31
11	21 880	7.7	+ 2	− 3
12	22 345	7.5	+22	+12
13	22 775	7.7	+ 6	− 8
14	23 245	7.3	+31	+12
15	23 682	7.5	+22	− 1
16	24 128	7.3	+23	− 5
17	24 572	7.2	+22	−11
18	25 023	7.6	+27	−10
19	25 473	7.4	+32	−10
21	26 365	7.9	+33	−11
22	26 797	7.2	+20	−19
23	27 233	7.4	+10	−23
24	27 696	8.1	+28	0
25	28 108	7.9	− 6	−28
26	28 598	7.9	+39	+22
27	29 034	8.0	+30	+18
28	29 495	7.8	+45	+39
29	29 905	7.8	+10	+ 9
30	30 349	7.9	+ 8	+13
33	31 655	7.7	−22	− 1
34	32 086	7.5	−36	−10
35	32 537	7.8	−31	+ 1
36	32 977	7.6	−36	+ 1
38	33 848	7.55	−56	− 8
39[1])	34 290	7.65	−59	− 6

Mittlere Elemente:

$M = 2416979 + 445^d\!.4 \cdot E$ $\qquad \overline{B-R} = \pm\, 24^d\!.6 = \pm\, 5.5\%$

Instantane Elemente:

(I) $M = 2416933 + 450^d \cdot E;$ $\qquad \overline{B-R} = \pm\, 12^d\!.2 = \pm\, 2.7\%$

(II) $M = 2426376 + 440^d \cdot (E-21);$ $\qquad \overline{B-R} = \pm\, 13.1 = \pm\, 3.0\%$

$\overline{m}_{Max} = 7^m\!.70;$ $\qquad \sigma_m = \pm\, 0^m\!.21 \; (7^m\!.2 - 8^m\!.3)$

$\sigma_z = \pm\, 14^d\!.0 = 3.1\%$

---

[1]) Nach Beendigung der Korrelationsrechnung beobachtet.

$\overline{\Delta Z}$	$\overline{m}_{Max}$	σ_m	n	$\overline{m}_{Max}$	$\overline{\Delta Z}$	σ_z	n
$-17^d.7$	$7^m.70$	$\pm 0^m.19$	11	$7^m.37$	$-1^d.0$	$\pm 9^d.0$	9
-1.4	7.65	± 0.27	11	7.71	-5.1	± 15.0	13
$+22.6$	7.77	± 0.19	9	8.02	$+7.6$	± 20.0	9

$$r\,(\Delta Z,\, m_{Max}) = +\,0.174 \pm 0\;178\;(n = 31)$$

E	Min.	Gr.	$B-R_2$
28	2429 226	$12^m.3$	$+15^d$
29	29 663	11.9	+12
30	30 100	12.4	+ 9
31	30 553	12.1	+22
34	31 813	11.7	−38
35	32 299	11.7	+ 8
36	32 700	11.3	−31

$t_M - t_m = 258^d$; $\quad t_M - t_m / P_{II} = 0.59$

$m_{Min} = 11^m.91$; $\quad \sigma_m = \pm\, 0^m.32 \;\; (11^m.3 - 12^m.3)$

V Cassiopeiae

E	Max.	Gr.	$B-R_1$	$B-R_2$
0	2425 594	$7^m.5$	$+12^d$	$+ 8^d$
1	25 811	8.0	+ 3	− 1
2	26 040	7.8	+ 5	+ 2
3	26 262	7.4	+ 1	− 2
4	26 482	7.7	− 6	− 8
5	26 715	7.4	+ 1	− 1
6	26 947	8.0	+ 6	+ 5
7	27 165	8.2	− 2	− 3
8	27 396	8.1	+ 2	+ 2
9	27 629	8.4	+ 9	+ 9
10	27 848	8.0	+ 2	+ 2
11	28 078	8.3	+ 5	+ 6
12	28 288	8.2	−12	−10
13	28 526	8.0	0	+ 2
14	28 751	8.1	− 2	+ 1
15	28 974	8.0	− 5	− 2
16	29 202	8.0	− 4	0
17	29 426	7.6	− 6	− 2
18	29 654	7.4	− 5	0
19	29 886	8.25	+ 1	+ 6
20	30 104	8.3	− 8	− 2
22	30 542	9.3 phg.	−23	+ 1
24	30 998	8.8 ,,	−20	− 1
27	31 690	8.3	− 7	+ 4
28	31 920	8.4	− 4	+ 5
29	32 141	8.2	− 9	− 3

E	Max.	Gr.	$B-R_1$	$B-R_2$
30	2432 371	$8^m.4$	-6^d	-2_d
31	32 600	8.4	− 3	− 2
32	32 828	8.6	− 2	− 3
33	33 073	8.4	+17	+13
34	33 298	8.1	+15	+ 9
35	33 517	8.0	+ 8	− 3
36	33 736	7.5	0	−13
37	33 972	7.8	+10	− 6
38	34 205	7.9	+16	0

Mittlere Elemente:

$M = 242\,5582 + 226^d.5 \cdot E$; $\overline{B-R} = \pm 6^d.7 = \pm 3.0\%$

Instantane Elemente:

(I) $M = 242\,5586 + 226^d.0 \cdot E$; $\overline{B-R} = \pm 4^d.1 = 1.8\%$

(II) $M = 243\,0541 + 229.0 \cdot (E - 22)$; $\overline{B-R} = \pm 4.6 = 2.0\%$

$\overline{m}_{Max} = 8^m.02$; $\sigma_m = 0^m.26$ $(7^m.4 - 8^m.6)$

$\sigma_z = \pm 5^d.9 = 2.6\%$

$\overline{\Delta Z}$	$\overline{m}_{Max}$	σ_m	n	$\overline{m}_{Max}$	$\overline{\Delta Z}$	σ_z	n
$-8^d.2$	$7^m.96$	$\pm 0^m.25$	11	$7^m.58$	$-0^d.4$	$\pm 5^d.5$	8
+0.2	8.07	±0.33	10	8.02	−0.5	±5.9	11
+7.4	8.06	±0.25	10	8.35	−0.5	±7.3	12

$r\,(\Delta Z, m_{Max}) = 0.051 \pm 0.179$ $(n = 31)$

E	Min.	Gr.	$B-R_1$	$B-R_2$
16	2429 093	$11^m.6$	-5^d	$+5^d$
17	29 311	12.2	−13	− 3
18	29 530	11.4	−21	−10
19	29 766	12.2	− 1	0
20	30 000	12.2	− 4	+ 8
29	32 043	11.2	+ 1	− 2
30	32 273	12.2	+ 4	− 1
31	32 500	12.0	+ 5	− 3
32	32 741	12.6	+19	+ 8
33	32 952	11.8	+ 4	−10
34	33 197	11.4	+22	+ 6
35	33 394	11.0	− 7	(−26)
38	34 085±	11.8	+ 4	(−22)

$\overline{B-R_1} = \pm 8^d.5 = \pm 3.7\%$ $\overline{B-R_2} = \pm 5^d.1 = \pm 2.25\%$

$t_M - t_m = 109^d$; $t_m - t_m/P = 0.48$

$m_{Min} = 11^m.82$; $\sigma_m = \pm 0.40$ $(11^m.0 - 12^m.6)$

T Cephei[1])

E	Max.	Gr.	$B-R_1$	$B-R_2$	
0	2416 956	$5^m.99$	$+26^d$	$+\ 6^d$	
1	17 358	5.99	+36	+19	
2	17 724	5.69	+10	− 5	
3	18 102	5.89	− 4	−16	
4	18 487	6.09	−12	−21	
5	18 912	6.39	+21	+15	
6	19 288	5.69	+ 5	+ 1	
7	19 674	5.79	− 2	− 2	
8	20 061	5.69	− 7	− 5	
9	20 458	6.09	− 2	+ 3	
10	20 840	6.09	−13	− 5	
11	21 233	5.69	−12	− 1	
12	21 609	5.69	−28	−15	
13	22 023	5.89	− 6	+10	
14	22 407	5.99	−15	+ 4	
15	22 796	5.95	−18	+ 4	
16	23 180	5.90	−26	− 2	
17	23 575	5.70	−24	+ 4	
18	23 958	5.57	−33	− 3	
19	24 350	5.55	−33	0	
20	24 744	5.89	−32	+ 4	
21	25 128	5.49	−40	− 1	$-\ 3^d$
22	25 538	5.70	−22		+ 9
23	25 930	5.95	−22		+ 3
24	26 320	6.15	−25		− 5
25	26 718	6.20	−19		− 5
26	27 127	5.90	− 2		+ 6
27	27 510	6.30	−12		− 9
28	27 921	5.60	+ 7		+ 4
29	28 310	5.50	+ 4		− 5
30	28 705	5.40	+ 6		− 8
31	29 117	5.60	+26		+ 5
32	29 516	5.40	+33		+ 6
33	29 908	5.70	+33	− 4	0
34	30 296	5.80	+28	− 6	
38	31 870	5.90	+33	+ 4	
39	32 254	5.10	+25	− 3	
40	32 642	5.90	+20	− 6	
41	33 044	5.90	+30	+ 5	
42	33 436	5.90	+30	+ 6	
43	33 832	5.85	+34	+11	
44	34 200	5.90	+ 9	−11	

[1]) Bis *E* 14 sowie *E* 20 und 21 NIJLAND; *E* 15 bis 19 sowie *E* 22 und 23 Mittel NIJLAND-AHNERT.

Mittlere Elemente:

$M = 241\,6930 + 392^{\mathrm{d}}.3 \cdot E;$ $\quad\overline{B-R} = \pm\, 19^{\mathrm{d}}.6 = \pm\, 5.0\%$

Instantane Elemente

(I) $M = 241\,6950 + 389^{\mathrm{d}}.5 \cdot E;$ $\quad\overline{B-R} = \pm\;\; 6^{\mathrm{d}}.6 = \pm\, 1.7\%$

(II) $M = 242\,5131 + 398.1 \cdot (E - 21);$ $\quad\overline{B-R} = \pm\;\; 5.2 = \pm\, 1.3\%$

(III) $M = 242\,9912 + 390.9 \cdot E - 33);$ $\quad\overline{B-R} = \pm\;\; 6.2 = \pm\, 1.6\%$

$\overline{m}_{\mathrm{Max}} = 5^{\mathrm{m}}.82;\;\; \sigma_m = \pm\, 0^{\mathrm{m}}.20\; (5^{\mathrm{m}}.1 - 6^{\mathrm{m}}.4)$

$\sigma_z = \pm\, 8^{\mathrm{d}}.6 = \pm\, 2.2\%.$

$\overline{\Delta Z}$	$\overline{m}_{\mathrm{Max}}$	σ_m	n	$\overline{m}_{\mathrm{Max}}$	$\overline{\Delta Z}$	σ_z	n
$-11^{\mathrm{d}}.5$	$5^{\mathrm{m}}.79$	$\pm 0^{\mathrm{m}}.25$	13	$5^{\mathrm{m}}.55$	$-3^{\mathrm{d}}.6$	$\pm\; 7^{\mathrm{d}}.9$	14
$-\;0.8$	5.79	±0.18	18	5.85	+0.7	± 8.3	17
+15.7	5.89	±0.19	9	6.14	+1.7	±11.9	9

$r\,(\Delta Z,\; m_{\mathrm{Max}}) = +\, 0.156 \pm 0.154\; (n = 40).$

E	Min.	Gr.	$B{-}R_1$	$B{-}R_2$
19	2424 157	$10^{\mathrm{m}}.4$	-13^{d}	–
23	25 736	10.5	−10	$+12^{\mathrm{d}}$
24	26 124	10.6	−16	+ 2
25	26 531	10.5	− 3	+11
26	26 923	10.1	− 5	+ 5
27	27 312	10.9	−10	− 4
28	27 708	10.6	− 8	− 6
29	28 120	10.1	+10	+ 8
30	28 504	10.8	0	− 6
31	28 890	10.8	− 8	−18
32	29 301	10.4	+ 9	− 5
33	29 701	10.4	+15	− 7
34	30 089	10.5	+ 9	−10
35	30 496	10.3	+22	+ 7
38	31 678	11.0	+22	+16
39	32 050	10.5	0	− 3
40	32 458	10.4	+14	+14
41	32 834	10.2	− 4	− 1
42	33 223	10.5	− 9	− 3
44	33 996	10.7	−24	−12

Min. $= 24\,24\,170 + 394^{\mathrm{d}}. \cdot E;$ $\quad\overline{B-R_1} = \pm\, 10^{\mathrm{d}}.6 = \pm\, 2.7\%$

$\overline{B-R_2} = \pm\;\; 7^{\mathrm{d}}.9 = \pm\, 2.0\%$

$t_M - t_m = 202^{\mathrm{d}};\;\; t_M - t_m/P' = 0.51$ $\quad P' = (P_{II} + P_{III}) : 2$

$\overline{m}_{\mathrm{Min}} = 10^{\mathrm{m}}.51;\;\; \sigma_m = \pm\, 0^{\mathrm{m}}.18\; (10^{\mathrm{m}}.1 - 11^{\mathrm{m}}.0);\;\; \sigma_z = \pm\, 10^{\mathrm{d}}.6 = \pm\, 2.7\%.$

o Ceti

E	Max.	Gr.	$B-R_1$	$B-R_2$
0	2425 476	$2^m_.9$	0^d	–
5	27 122	4.8	−22	-4^d
6	27 480	3.9	+ 2	+14
7	27 804	2.5	− 7	− 2
8	28 140	4.9	− 5	− 6
9	28 484	2.9	+ 5	− 2
10	28 845	5.0	+32	+19
11	29 163	4.1	+17	− 3
12	29 487	3.0	+ 7	−19
18	31 465	4.9	−17	− 2
19	31 804	5.5 phg.	−12	0
20	32 151	4.2	+ 1	+ 9
21	32 473	3.0	−10	− 6
22	32 816	3.8	− 1	− 1
23	33 154	3.0	+ 3	0

Mittlere Elemente:

$M = 242\,5476 + 333^d_.7 \cdot E$; $\overline{B-R} = \pm 9^d_.4 = \pm 2.8\%$

Instantane Elemente:

(I) $M = 242\,7126 + 340^d_.0 \cdot (E - 5)$; $\overline{B-R} = \pm 8^d_.6 = \pm 2.5\%$

(II) $M = 243\,1467 + 337.5 \cdot (E - 18)$; $\overline{B-R} = \pm 3.0 = \pm 0.9\%$

$\overline{m}_{\text{Max}} = 3^m_.78$; $\sigma_m = \pm 0^m_.79$ $(2^m_.5 - 5^m_.0)$

$\sigma_z = \pm 11^d_.6 = \pm 3.4\%$.

$\overline{\Delta Z}$	$\overline{m}_{\text{Max}}$	σ_m	n	$\overline{m}_{\text{Max}}$	$\overline{\Delta Z}$	σ_z	n
$-17^d_.4$	$3^m_.15$	$\pm 0^m_.55$	4	$2^m_.88$	$-8^d_.6$	$\pm 9^d_.7$	5
+ 1.5	3.65	±0.81	4	3.93	+0.5	±18.4	3
+16.2	4.37	±0.52	3	4.70	+8.8	±10.5	3

$r\,(\Delta Z,\ m_{\text{Max}}) = +\,0.410 \pm 0.250$ $(n = 11)$.

E	Min.	Gr.	$B-R_2$
2	2425 993	$9^m_.2$	-11^d
3	26 355	9.4	+11
4	26 692	9.3	+ 8
5	27 026	9.4	+ 2
6	27 352	9.4	−12

$t_M - t_m = 102^d$; $t_M - t_m/P_I = 0.30$; $\overline{m}_{\text{Min}} = 9^m_.34$; $\sigma_m = \pm 0^m_.08$ } entstellt durch Einfluß des schwachen Begleiters.

S Coronae Borealis [1])

E	Max.	Gr.	$B-R_1$	$B-R_2$
0	2417 643	$6^m.85$	-13^d	$+3^d.5$
1	18 000	7.90	−15	− 1.5
2	18 366	6.35	− 9	+ 2.5
3	18 720	7.60	−14	− 5.5
4	19 088	6.75	− 6	+ 0.5
5	19 450	6.65	− 4	+ 0.5
6	19 824	7.75	+11	− 5
7	20 188	7.90	+15	+ 1
8	20 546	6.35	+14	0
9	20 899	8.25	+ 7	− 6
10	21 283	7.95	+31	+20
11	21 607	7.15	− 4	−15
12	21 985	6.45	+14	+ 4
13	22 335	7.55	+ 5	− 4
14	22 712	7.90	+22	+14
15	23 055	8.15	+ 5	− 2
16	23 409	6.95	0	− 7
17	23 775	6.75	+ 6	+ 1
18	24 124	6.85	− 4	− 9
19	24 487	7.25	− 1	− 5
20	24 855	7.25	+ 7	+ 5
21	25 208	7.85	+ 1	− 1
22	25 570	6.75	+ 3	+ 2
23	25 924	8.15	− 2	− 2
24	26 299	8.48	+13	+14
25	26 640	6.78	− 6	− 4
26	26 993	7.88	−12	−10
27	27 365	7.40	0	+ 4
28	27 726	8.20	+ 2	+ 6
29	28 080	6.30	− 4	+ 1
30	28 425	8.25	−19	−12
31	28 804	7.50	+ 1	+ 8
32	29 161	8.60	− 2	+ 6
33	29 505	7.00	−17	− 8
34	29 887	7.45	+ 5	− 2
35	30 240	8.20 phg.	− 2	− 7
36	30 598	8.30 ,,	− 3	− 7
37	30 966	7.90 ,,	+ 5	+ 3
38	31 316	7.90 ,,	− 4	− 5
39	31 682	8.10 ,,	+ 2	+ 3
40	32 050	7.20	+10	+13
41	32 399	7.50	0	+ 4
42	32 757	7.60	− 2	+ 4

[1]) Bis E 23 Nijland; E 24 bis 26 Mittel Nijland-Ahnert.

E	Max.	Gr.	$B-R_1$	$B-R_2$
43	2433 115	$6^m.70$	-3^d	$+4^d$
44	33 466	7.10	−12	−4
45	33 828	5.95	−10	0
46	34 183	6.40	−14	−3

Mittlere Elemente:

$M = 241\,7656 + 359^d.6 \cdot E;$ $\qquad \overline{B-R} = \pm 7^d.7 = \pm 2.1\%$

Instantane Elemente:

(I) $M = 241\,7639.5 + 362^d.0 \cdot E;$ $\qquad \overline{B-R} = \pm 2^d.3 = \pm 0.6\%$

(II) $M = 241\,9829 \quad + 358.7 \cdot (E - 6);$ $\qquad \overline{B-R} = \pm 6.3 = \pm 1.8\%$

(III) $M = 242\,9889 \quad + 358.1 \cdot (E - 34);$ $\qquad \overline{B-R} = \pm 4.5 = \pm 1.3\%$

$\overline{m}_{Max} = 7^m.32;\quad \sigma_M = \pm 0^m.58\ (5^m.95 - 8^m.6)$

$\sigma_z = \pm 9^d.1 = \pm 2.5\%.$

$\overline{\Delta Z}$	$\overline{m}_{Max}$	σ_m	n	$\overline{m}_{Max}$	$\overline{\Delta Z}$	σ_z	n
$-13^d.2$	$7^m.39$	$\pm 0^m.44$	10	$6^m.57$	$+1^d.1$	$\pm 6^d.6$	14
−0.9	7.27	±0.74	17	7.44	+0.8	±12.2	16
+14.6	7.36	±0.51	14	8.16	+2.7	±10.9	11

$r\,(\Delta Z,\ m_{Max}) = -0.047 \pm 0.156\ (n = 41).$

E	Min.	Gr.	$B-R_2$
31	2428 666	$12^m.4$	-8^d
32	29 041	13.6	+9
33	29 388	14.1	−3
34	29 765	12.8	−5
36	30 475	13.7 phg.	−11
37	30 846	14.2 ,,	+2
41	32 287	13.0	+11
43	32 991	13.2	−1
44	33 351	12.8	+4

$t_M - t_m = 121^d;\quad t_M = t_m/P' = 0.34 \qquad P' = (P_{II} + P_{III}) : 2$

$\overline{m}_{Min} = 13^m.13;\quad \sigma_m = \pm 0^m.47\ (12^m.4 - 14^m.1).$

R Cygni[1])

E	Max.	Gr.	$B-R_1$	$B-R_2$
0	2416 847	$6^m.8$	$+34^d$	-13^d
1	17 267	7.2	+28	−13
2	17 719	7.1	+53	+18
3	18 129	7.3	+37	+7

[1]) Bis E 20 NIJLAND; E 21 und 22 Mittel NIJLAND-AHNERT.

E	Max.	Gr.	$B-R_1$	$B-R_2$
4	2418 527	$6^m.8$	+ 8^d	-16^d
5	18 984	8.1	+39	+20
6	19 366	6.2	− 6	−19
7	19 819	7.3	−21	+13
8	20 213	6.8	−12	−14
9	20 644	7.1	− 7	− 4
10	21 058	6.8	−20	−11
11	21 485	7.7	−19	− 4
12	21 899	6.1	−32	−11
13	22 347	8.0	−10	+16
14	22 739	6.9	−45	−13
15	23 196	7.1	−14	+23
16	23 592	6.8	−45	− 2
17	24 033	7.7	−30	+18
18	24 461	6.9	−29	− 2
19	24 897	7.0	−19	+ 5
20	25 315	7.0	−28	− 6
21	25 758	7.4	−11	+ 7
22	26 177	6.9	−19	− 3
23	26 618	7.4	− 4	+ 8
24	27 021	6.9	−28	−18
25	27 455	7.6	−20	−13
26	27 902	6.8	0	+ 4
27	28 318	7.5	−10	− 9
28	28 797	7.8	+42	+40
29	29 192	7.0	+11	+ 6
30	29 633	7.9	+25	+18
32	30 470	8.7 phg.	+ 9	− 4
33	30 924	9.6 „	+37	+20
37	32 594	6.4	+ 1	−27
38	33 064	8.2	+44	+13
39	33 450	6.2	+ 4	−30
40	33 908	7.7	+35	− 1

Mittlere Elemente:

$M = 241\,6813 + 426^d.5 \cdot E;$ $\qquad \overline{B-R} = \pm 22^d.8 = \pm 5.3\%$

Instantane Elemente:

(I) $M = 241\,6860 + 420^d.9 \cdot E;$ $\qquad \overline{B-R} = \pm 13^d.1 = \pm 3.1\%$

(II) $M = 242\,4463 + 429.4 \cdot (E-18);$ $\qquad \overline{B-R} = \pm 12.3 = \pm 2.9\%.$

$\overline{m}_{Max} = 7^m.16;\quad \sigma_m = \pm 0^m.43;\quad (6^m.1 - 8^m.2)$

$\sigma_z = \pm 21^d.4 = \pm 5.0\%.$

$\overline{\Delta Z}$	$\overline{m}_{Max}$	σ_m	n	$\overline{m}_{Max}$	$\overline{\Delta Z}$	σ_z	n
$-25^{d}.5$	$6^{m}.85$	$\pm0^{m}.28$	11	$6^{m}.67$	$-18^{d}.5$	$\pm14^{d}.7$	12
+ 0.2	7.03	±0.34	9	7.17	+ 7.7	±16.9	11
+27.5	7.58	±0.38	13	7.82	+21.3	±16.1	10

$$r\,(\Delta Z,\ m_{Max}) = +\,0.835 \pm 0.053\ (n = 33)$$

$$m_{Max} = 7^{m}.14 + 0^{m}.0232\,(\Delta Z)$$

$$\Delta Z = -\,48^{d}.9 + 43^{d}.1\,(m_{Max} - 6).$$

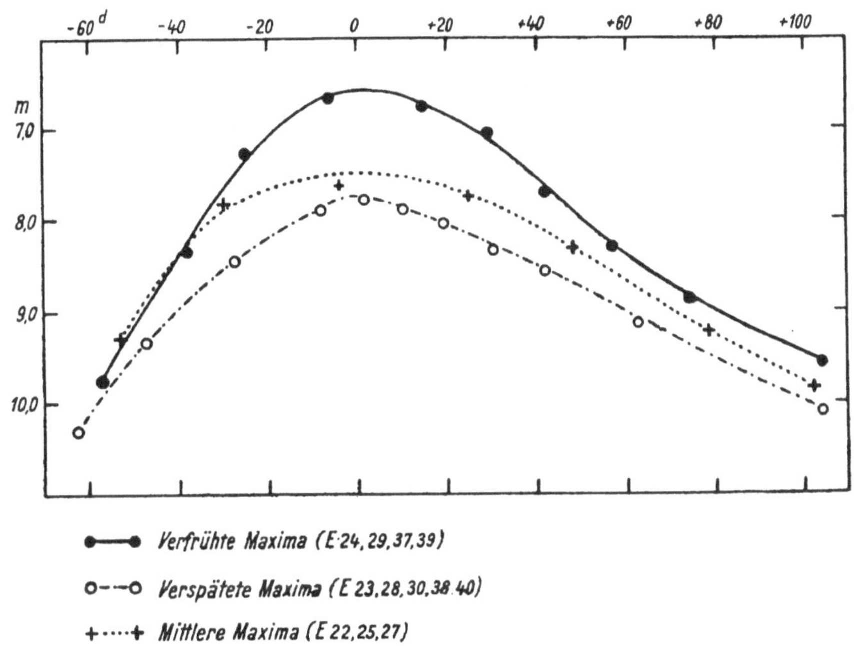

Abb. 2. R Cygni. Mittlere Lichtkurven

U Cygni

E	Max.	Gr.	$B-R_1$	$B-R_2$	
0	2425 442	$8^{m}.3$	$+63^{d}$	$+16^{d}$	
1	25 870	7.8	+22	−12	
3	26 778	7.35	− 8	−17	
4	27 250:	7.2	− 6:	− 2	
5	27 706:	7.3	−19:	− 1	
6	28 170	7.4	−24	+ 5	
7	28 635	7.6	−29	+14	-1^{d}
8	29 110	7.6	−23		0
9	29 595	7.7	− 7		+11
16	32 893	6.8	+ 6		−10
18	33 850	7.3	+24		− 2

Mittlere Elemente:

$M = 242\,5379 + 469^{\mathrm{d}}.3 \cdot E;$ $\overline{B-R} = \pm\, 21^{\mathrm{d}}.0 = \pm\, 4.5\%$

Instantane Elemente:

(I) $M = 242\,5426 + 456^{\mathrm{d}}.5 \cdot E;$ $\overline{B-R} = \pm\, 9^{\mathrm{d}}.6 = \pm\, 2.1\%$

(II) $M = 242\,8636 + 474.2 \cdot (E-7);$ $\overline{B-R} = \pm\, 4.8 = \pm\, 1.0\%$

$m_{\mathrm{Max}} = 7^{\mathrm{m}}.48;\quad \sigma_m = \pm\, 0^{\mathrm{m}}.30\ (6^{\mathrm{m}}.8 - 8^{\mathrm{m}}.3)$

$\sigma_z = \pm\, 11^{\mathrm{d}}.2 = \pm\, 2.4\%.$

E	Min.	Gr.	$B-R_1$
4	2427 003	$11^{\mathrm{m}}.0$	-12^{d}
6	27 986	11.5	+33
8	28 888	10.8	− 4
9	29 342	10.5	−19

$\overline{m}_{\mathrm{Min}} = 10^{\mathrm{m}}.95;\quad \sigma_m = \pm\, 0^{\mathrm{m}}.35\ (10^{\mathrm{m}}.5 - 11^{\mathrm{m}}.5)$

$t_M - t_m = 226^{\mathrm{d}};\quad t_M - t_m/P = 0.48$

RT Cygni

E	Max.	Gr.	$B-R$
0	2425 560	$7^{\mathrm{m}}.0$	-5^{d}
1	25 758	7.2	+ 3
2	25 935	7.1	+11
3	26 140	7.2	+ 4
4	26 323	7.0	− 4
5	26 519	7.3	+ 2
6	26 707	7.0	− 1
7	26 900	7.1	+ 2
8	27 095	7.9	+ 6
9	27 292	7.4	+13
10	27 474	7.5	+ 4
11	27 666	7.0	+ 6
13	28 042	7.9	+ 1
14	28 233	6.9	+ 1
15	28 435	7.9	+13
16	28 624	8.2	+11
17	28 798	7.3	− 5
18	28 997	7.2	+ 3
19	29 187	6.8	+ 3
20	29 379	7.8	+ 4
21	29 556	7.9	− 9
22	29 746	6.7	−10
23	29 944	8.0	− 2
24	30 132	7.3	− 5

E	Max.	Gr.	$B-R$
26	2430 510	$8^m_{.}2$ phg.	-8^d
28	30 903	8.6 ,,	+ 4
30	31 278	8.0 ,,	− 2
32	31 665	7.8 ,,	+ 4
34	32 045	7.0	+ 3
35	32 231	7.3	− 1
36	32 425	7.2	+ 2
37	32 619	7.3	+ 6
38	32 806	7.7	+ 2
39	32 988	7.0	− 6
40	33 188	7.7	+ 3
41	33 366	7.1	− 9
42	33 575	8.1	+ 9
43	33 749	7.15	− 7
44	33 942	7.9	− 5
45	34 135	6.9	− 2

Mittlere Elemente:

$M = 242\,5565 + 190^d_{.}5 \cdot E$; $\qquad \overline{B-R} = \pm 5^d_{.}0 = \pm 2.6\%$

$\overline{m}_{Max} = 7^m_{.}36$; $\sigma_m = \pm 0^m_{.}35$; $(6^m_{.}7 - 8^m_{.}2)$

$\sigma_z = \pm 6^d_{.}9 = \pm 3.5\%$.

$\overline{\Delta Z}$	$\overline{m}_{Max}$	σ_m	n	$\overline{m}_{Max}$	$\overline{\Delta Z}$	σ_z	n
$-11^d_{.}8$	$7^m_{.}26$	$\pm 0^m_{.}22$	9	$6^m_{.}9$	$-4^d_{.}6$	$\pm 6^d_{.}2$	12
+ 0.50	7.27	±0.38	14	7.29	+1.6	±7.3	11
+ 9.40	7.59	±0.35	10	7.91	+3.7	±7.0	10

$r(\Delta Z,\ m_{Max}) = +0.261 \pm 0.162 \quad (n = 33)$

E	Min.	Gr.	$B-R$
1	2425 677	$11^m_{.}6$	$+6^d$
3	26 056	12.1	+ 4
4	26 240	12.4	− 3
5	26 439	11.8	+ 6
6	26 624	11.8	0
7	26 813	12.3	− 1
10	27 395	12.9	+ 9
13	27 958	12.7	+ 1
16	28 527	12.3	− 2
17	28 724	12.1	+ 5
18	28 910	12.1	0
19	29 103	11.3	+ 3
20	29 293	12.6	+ 2
21	29 481	12.7	0
22	29 656	11.8	−16
23	29 860	12.5	− 2

E	Min.	Gr.	$B-R$
29	2431 004	$13^m_.6$ phg.	-1^d
35	32 151	12.3	+ 3
36	32 339	12.3	0
37	32 525	12.9	− 4
38	32 717	12.4	− 3
39	32 912	12.4	+ 2
40	33 100	12.6	− 1
41	33 287	12.3	− 4
42	33 480	12.5	− 2

$t_M - t_m = 84^d$; $t_M - t_m/P = 0.44$ $\overline{B-R} = \pm 3^d_.2 = \pm 1.7\%$

$\overline{m}_{Min} = 12^m_.28$ $\sigma_m = \pm 0^m_.30$ $(11^m_.3 - 12^m_.9)$

$\sigma_z = \pm 4^d_.9 = \pm 2.5\%$

RU Cygni

E	Max.	Gr.	$B-R$
0	2425 755	$8^m_.0$	-6^d
1	25 985	7.9	−11
2	26 234	8.2	+ 3
3	26 472	7.6	+ 6
4	26 708	8.1	+ 7
5	26 934	7.8	− 2
6	27 178	8.2	+ 7
21	30 722±	9.0 phg.	+24
22	30 908±	9.0 phg.	−25
	Min.		
1	2425 882	$9^m_.8$	-9^d
2	26 144	9.9	+18
3	26 349	9.0	−12
4	26 600:	10.0	+ 4
5	26 812±[1])	8.7	−19
6	27 087	10.1	+21
7	27 290±	8.9	−11
21	30 600	9.5 phg.	+ 7
23	31 060±	9.8 phg.	− 3

Max. $= 2425\,761 + 235^d_.1 \cdot E$; $\overline{B-R}_{Max} = \pm 10^d_.1 = \pm 4.3\%$

$t_M - t_m = 105^d$; $t_M - t_m/P = 0.45$ $\overline{B-R}_{Min} = \pm 11^d_.6 = \pm 4.9\%$

$\overline{m}_{Max} = 7^m_.97$; $\sigma_{m\,Max} = \pm 0^m_.19$ $(7^m_.6 - 8^m_.2)$ $\sigma_z = \pm 13^d_.8 = \pm 5.9\%$

$\overline{m}_{Min} = 9^m_.49$; $\sigma_{m\,Min} = \pm 0^m_.57$ $(8^m_.7 - 10^m_.1)$

---

[1]) Helligkeit 100^d konstant.

χ Cygni[1])

E	Max.	Gr.	$B-R_1$	$B-R_2$
0	2417 232	$4^m_.6$	$+14^d$	-4^d
1	17 640	5.2	+14	− 1
2	18 043	5.5	+ 9	− 4
3	18 443	4.2	0	− 9
4	18 852	5.6	+ 1	− 6
5	19 268	4.9	+ 8	+ 4
6	19 675	5.1	+ 7	+ 6
7	20 082	5.4	+ 6	+ 7
8	20 480	5.2	− 5	0
9	20 888	6.3	− 5	+ 2
10	21 288	5.7	−14	− 4
11	21 687	4.9	−23	−10
12	22 102	6.4	−16	− 1
13	2422 511	5.7	-16^d	$+3^d$
14	22 918	5.5	−17	+ 4
15	23 323	4.9	−21	+ 3
16	23 728	5.1	−24	+ 3
17	24 131	6.4	−29	− 4
18	24 555	4.6	−14	+ 8
19	24 956	6.2	−21	− 3
20	25 364	5.0	−22	− 8
21	25 780	5.2	−14	− 4
22	26 198	6.25	− 4	+ 1
23	26 601	4.95	−10	− 8
24	27 032	5.0	+13	+11
27	28 274	5.0	− 2	+15
28	28 665	6.9	+12	− 6
29	29 077	5.4	+16	− 6
30	29 504	5.8	+34	+ 8
31	29 904	5.3	+26	0
32	30 304	5.2 phg.	+18	− 6
36	31 937	5.5 „	+17	− 1
37	32 337	5.6	+ 9	− 6
38	32 747	4.6	+10	− 2
39	33 163	5.8	+18	+ 7
40	33 570	4.8	+16	+ 8
41	33 968	5.0	+ 6	− 1

Mittlere Elemente:

$M = 241\,7218 + 408^d_.4 \cdot E$; $\overline{B-R} = \pm 13^d_.8 = \pm 3.4\%$

[1]) Bis E 20 NIJLAND; E 21 bis 23 Mittel NIJLAND-AHNERT.

Instantane Elemente:

(I) $M = 241\,7236 + 405^{d}.6 \cdot E$; $\overline{B-R} = \pm 3^{d}.9 = \pm 1.0\%$

(II) $M = 242\,4135 + 412.4 \cdot (E - 17)$; $\overline{B-R} = \pm 6.6 = \pm 1.6\%$

(III) $M = 242\,9904 + 406.5 \cdot (E - 31)$; $\overline{B-R} = \pm 3.9 = \pm 1.0\%$

$\overline{m}_{Max} = 5^{m}.37$; $\sigma_m = \pm 0^{m}.49$ $(4^{m}.2 - 6^{m}.9)$

$\sigma_z = \pm 6^{d}.4 = \pm 1.6\%$

$\overline{\Delta Z}$	$\overline{m}_{Max}$	σ_m	n	$\overline{m}_{Max}$	$\overline{\Delta Z}$	σ_z	n
$-9^{d}.5$	$5^{m}39$	$\pm 0^{m}.59$	10	$4^{m}.73$	$+0^{d}.4$	$\pm 6^{d}.6$	8
$+0.6$	5.36	± 0.38	16	5.32	-0.9	± 5.1	17
$+11.5$	5.53	± 0.65	7	6.26	$+0.8$	± 10.0	8

$r\,(\Delta Z,\ m_{Max}) = -0.124 \pm 0.171$ $(n = 33)$

R Delphini

E	Max.	Gr.	$B-R$
0	2425 502	$8^{m}.1$	$+1^{d}$
1	25 785	8.0	-2
4	26 638	8.9	-5
5	26 940	8.8	$+11$
6	27 219	8.9	-4
9	28 067	8.1	-5
10	28 353	8.3	-5
13	29 211	7.7	-4
14	29 503	9.0	$+3$
15	29 788	8.0 phg.[1])	$+2$
16	30 073	8.2 ,,	$+1$
	Min.		
13	2429 087	$13^{m}.2$	-5^{d}
16	29 964	12.6 phg.[1])	$+5$

Max. $= 2425\,501 + 285^{d}.7 \cdot E$ $\overline{B-R} = \pm 3^{d}.9 = \pm 1.4\%$

$t_M - t_m = 132^{d}$; $t_M - t_m/P = 0.43$

$\overline{m}_{Max} = 8^{m}.42$; $\sigma_m = \pm 0^{m}.45$ $(7^{m}.7 - 9^{m}.0)$

$\sigma_z = \pm 5^{d}.2 = \pm 1.8\%$

R Draconis[2])

E	Max.	Gr.	$B-R_1$	$B-R_2$
0	2417 038	$8^{m}.14$	$+17^{d}$	0^{d}
1	17 278	7.74	$+12$	-5
2	17 523	7.54	$+12$	-5

[1]) Ep. 15 und 16 auf Agfa ISS-Platten ohne Filter.

[2]) Bis E 33 Nijland; E 34 bis 44 Mittel Nijland-Ahnert.

E	Max.	Gr.	$B-R_1$	$B-R_2$	
3	2417 783	$7^m.84$	$+27^d$	$+10^d$	
4	18 019	7.94	+17	0	
5	18 260	7.04	+13	− 4	
6	18 512	7.54	+20	+ 3	
7	18 753	7.04	+15	− 2	
8	19 003	7.54	+20	+ 3	
9	19 252	7.74	+24	+ 7	
10	19 488	6.54	+14	− 3	
11	19 732	8.14	+13	− 4	
12	19 976	7.54	+12	− 5	
13	20 228	7.64	+19	+ 2	
14	20 476	7.34	+21	+ 4	
15	20 705	7.04	+ 5	−16	
16	20 956	7.24	+11	− 8	
17	21 204	8.14	+13	− 3	
18	21 446	7.24	+10	− 4	
19	21 696	8.44	+15	+ 3	
20	21 934	7.44	+ 7	− 2	
21	22 182	8.04	+10	+ 3	
22	22 427	7.24	+10	+ 5	
23	22 674	8.44	+12	+ 9	
24	22 910	7.24	+ 2	+ 2	
25	23 162	7.94	+ 9	+10	
26	23 405	7.74	+ 7	+10	
27	23 640	7.54	− 4	+ 2	
28	23 883	7.34	− 6	+ 2	
29	24 124	7.64	−10	0	
30	24 372	8.44	− 8	+ 5	
31	24 601	7.24	−24	− 9	
32	24 847	6.94	−23	− 6	
33	25 100	7.84	−15	+ 4	
34	25 345	7.97	−16	+ 6	
35	25 581	7.12	−25	− 2	
36	25 822	7.92	−29	− 4	
37	26 067	7.52	−30	− 2	
38	26 316	7.57	−26	+ 4	
39	26 552	7.72	−35	− 3	$+ 2^d$
40	26 801	7.37	−32		+ 4
41	27 047	7.89	−31		+ 2
42	27 295	7.67	−28		+ 3
43	27 540	7.52	−28		0
44	27 791	7.62	−23		+ 3
45	28 030	7.40	−29		− 5
46	28 280	7.50	−24		− 3
47	28 532	7.65	−18		+ 2
48	28 778	7.45	−17		0

E	Max.	Gr.	$B-R_1$	$B-R_2$	
49	2429 023	$7^m\!.80$	-17^d		-3^d
50	29 268	7.20	−18		− 5
51	29 520	8.20	−11		− 1
52	29 762	7.50	−14		− 6
53	30 016	7.50	− 5		0
54	30 262	8.00	− 5		− 2
60	31 748	7.30	+ 9		− 1
61	31 995	7.30	+11		− 2
62	32 248	7.20	+19		+ 4
63	32 495	8.10	+21		+ 3
64	32 743	7.90	+23	+ 2	+ 3
65	32 987	7.90	+22	+ 3	
66	33 227	7.00	+17	− 1	
67	33 466	7.70	+10	− 6	
68	33 717	7.60	+16	+ 2	
69	33 955	7.80	+ 9	− 4	
70	34 208	7.70	+16	+ 5	

Mittlere Elemente:

$M = 241\,7021 = 245^d\!.3 \cdot E;$ $\qquad \overline{B-R} = \pm\, 16^d\!.5 = \pm\, 6.7\%$

Instantane Elemente:

(I) $M = 241\,7038 + 245^d\!.3 \cdot E;$ $\qquad \overline{B-R} = \pm\, 3^d\!.8 = \pm\, 1.5\%$

(II) $M = 242\,0721 + 243.1 \cdot (E - 15);$ $\qquad \overline{B-R} = \pm\, 5.0 = \pm\, 2.0\%$

(III) $M = 242\,6550 + 247.6 \cdot (E - 39);$ $\qquad \overline{B-R} = \pm\, 2.6 = \pm\, 1.0\%$

(IV) $M = 243\,2741 + 243.7 \cdot (E - 64)$ (:); $\qquad \overline{B-R} = \pm\, 3.3 = \pm\, 1.3\%$

$\overline{m}_{\text{Max}} = 7^m\!.61;\quad \sigma_m = \pm\, 0^m\!.30 \quad (6^m\!.54 - 8^m\!.44)$

$\sigma_z = \pm\, 4^d\!.7 = \pm\, 1.9\%$

$\overline{\Delta Z}$	$\overline{m}_{\text{Max}}$	σ_m	n	$\overline{m}_{\text{Max}}$	$\overline{\Delta Z}$	σ_z	n
$-7^d\!.2$	$7^m\!.35$	$\pm 0^m\!.31$	17	$7^m\!.16$	$-2^d\!.9$	$\pm 5^d\!.0$	19
−0.2	7.60	±0.26	27	7.61	+0.3	±4.4	27
+6.6	7.81	±0.31	20	8.06	+2.7	±4.5	18

$r\,(\Delta Z,\ m_{\text{Max}}) = +\,0.338 \pm 0.111\ (n = 64)$

$\Delta Z = -\,15^d + 12^d\!.5\ (m - 6.4)$

$\overline{m}_{\text{Max}} = 7^m\!.60 + 0^m\!.08 \cdot \Delta Z$

E	Min.	Gr.	$B-R_1$	$B-R_2$
48	2428 679	$13^m\!.0$	$+8^d$	$+10^d$
49	28 926	12.4	+ 8	+10
50	29 159	12.5	− 6	− 5
51	29 416	13.0	+ 4	+ 5
52	29 645	12.6	−15	−14
53	29 904	12.5	− 3	− 3

E	Min.	Gr.	$B-R_1$	$B-R_2$	
54	2430 156	$13^m.0$	$+ 2^d$	$+ 2^d$	
61	31 892	12.1	+ 7	+ 5	
62	32 130	12.3	− 3	− 5	
63	32 380	12.9	0	− 3	
64	32 626	12.6	− 1	(− 4)	− 9
65	32 878	12.7	+ 3		0
66	33 119	12.6	− 3		− 3
67	33 365	12.2	− 4		− 1
70	34 110:	12.3:	− 1		+13

Min. $= 2428\,671 + 247^d.3 \cdot E$; $\overline{B-R_1} = \pm 4^d.5 = \pm 1.8\,\%$

$\overline{B-R_2} = \pm 5.9 = \pm 2.4\%$

$t_M - t_m = 108^d$; $t_M - t_m/P = 0.44$

$\overline{m}_{\text{Min}} = 12^m.58$; $\sigma_m = \pm 0^m.23\ (12^m.1 - 13^m.0)$;

$\sigma_z = \pm 7^d.3 = \pm 3.0\%$

Es ist bemerkenswert, daß man für die Minima eine bessere Darstellung erhält, wenn man die Elemente nach E 63 nicht wechselt, sondern alle beobachteten Minima auf die der Periode von (III) ähnliche von $247^d.3$ bezieht.

R Geminorum

E	Max.	Gr.	$B-R$
0	2425 584	$7^m.5$	-15^d
1	25 937	6.5	−29
2	26 348	7.7	+14
3	26 707	7.0	+ 5
4	27 061	7.2	− 9
5	27 432	6.8	− 6
6	27 822	6.9	+17
7	28 177	6.7	+ 4
8	28 565	7.8	+24
9	28 889	6.5	−20
10	29 280	7.0	+ 3
11	29 670	7.6	+26
12	30 000	7.3	−12
13	30 382	9.0 phg.	+ 2
14	30 740	8.5 ,,	− 8
22	33 675	7.1	−15
23	34 082	6.8	+24

Mittlere Elemente:

$M = 242\,5599 + 367^d.8 \cdot E$; $\overline{B-R} = \pm 13^d.7 = \pm 3.7\%$

$m_{\text{Max}} = 7^m.09$; $\sigma_m = \pm 0^m.33\ (6^m.5 - 7^m.8)$

$\sigma_z = \pm 26^d.3 = \pm 7.2\%$

$\overline{\Delta Z}$	$\overline{m}_{Max}$	σ_m	n	$\overline{m}_{Max}$	$\overline{\Delta Z}$	σ_z	n
$-31^d.3$	$6^m.77$	$\pm 0^m.44$	3	$6^m.57$	$-23^d.8$	$\pm 16^d.3$	3
-7.2	6.92	± 0.20	4	7.00	$+3.9$	± 22.5	7
$+29.2$	7.30	± 0.44	6	7.70	$+28.5$	± 12.0	3

$$r\,(\Delta Z,\ m_{Max}) = +0.420 \pm 0.228\ (n = 13)$$
$$m_{Max} = 7^m.01 + 0^m.0152 \cdot \Delta Z$$
$$\Delta Z = -33^d.8 + 66^d\,(m - 6.5)$$

S Herculis

E	Max.	Gr.	$B-R_1$	$B-R_2$
0	2425 539	$7^m.9$	-9^d	-2^d
1	25 850	7.9	-12	-5
2	26 181	8.2	$+5$	$+11$
3	26 483	7.7	-7	-2
4	26 794	7.6	-10	-6
8	28 068	7.5	$+8$	$+8$
9	28 367	7.35	-7	-8
10	28 694	6.9	$+5$	$+4$
11	29 004	6.7	$+1$	0
12	29 320	7.2	$+3$	$+1$
13	29 640	7.1	$+9$	$+6$
14	29 961	7.5	$+16$	$+12$
15	30 264	8.5 phg.	$+5$	0
16	30 576	8.5 ,,	$+3$	-3
17	30 890	9.4 ,,	$+3$	-4
21	32 160	7.8	$+16$	$+7$
22	32 464	6.6	$+6$	-4
23	32 774	8.2	$+2$	-9
24	33 068	6.9	-18	—
26	33 702	6.75	-12	—

Mittlere Elemente:

$M = 242\,5548 + 314^d.1 \cdot E$; $\overline{B-R} = \pm 7^d.85 = \pm 2.5\%$

Instantane Elemente: (E 0 – 23):

$M = 242\,5541 + 314^d.9 \cdot E$; $\overline{B-R} = \pm 5^d.1 = \pm 1.6\%$

$\overline{m}_{Max} = 7^m.40$; $\sigma_m = \pm 0^m.45$ ($6^m.6 - 8^m.2$)

$\sigma_z = \pm 8^d.6 = \pm 2.7\%$.

$\overline{\Delta Z}$	$\overline{m}_{Max}$	σ_m	n	$\overline{m}_{Max}$	$\overline{\Delta Z}$	σ_z	n
$-15^d.0$	$7^m.14$	$\pm 0^m.45$	4	$6^m.78$	$-6^d.0$	$\pm 11^d.3$	4
-0.9	7.46	± 0.42	7	7.41	-3.5	± 8.2	6
$+14.0$	7.55	± 0.92	2	8.10	$+2.3$	± 11.2	3

$$r\,(\Delta Z,\ m_{Max}) = +0.297 \pm 0.253\ (n = 13).$$

E	Min.	Gr.	$B-R_1$
12	2429 185	$13^m.5$	$+10^d$
13	29 496	13.5	+ 7
14	29 795	13.4	− 8
22	32 310	13.3	− 6
23	32 636	13.3	+ 6
24	32 932	13.2	−12

$t_M - t_m = 145^d.5$; $t_M - t_m/P = 0.46$; $\overline{B-R} = \pm 8^d.2 = \pm 2.6\%$
$\overline{m}_{Min} = 13^m.37$; $\sigma_m = \pm 0^m.11$ $(13^m.2 - 13^m.5)$.

T Herculis

E	Max.	Gr.	$B-R$
0	24 25 498	$7^m.2$	-20^d
1	25 681	8.0	− 2
2	25 850	8.4	+ 2
4	26 170	8.2	− 8
6	26 510	7.6	+ 2
7	26 678	8.2	+ 5
8	26 835	7.5	− 3
9	27 004	7.8	+ 1
10	27 171	8.4	+ 3
11	27 328	8.3	− 5
12	27 489	6.8	− 9
15	27 991	7.4	− 2
17	28 323	8.2	0
18	28 490	6.9	+ 2
19	28 646	8.2	− 7
20	28 828	8.6	+10
21	28 987	8.2	+ 4
22	29 153	7.2	+ 5
24	29 484	8.3	+ 6
25	29 651	7.55	+ 8
26	29 819	8.5	+11
27	29 981	7.6 phg.[1])	+ 8
28	30 148	8.2 ,,	+10
29	30 308	8.0 ,,	+ 5
30	30 463	7.2 ,,	− 5
31	30 638	8.4 ,,	+ 5
32	30 805	9.6 phg.[2])	+ 7
33	30 965	9.0 ,,	+ 2
35	31 294	9.5 ,,	+ 1
37	31 628	9.5 ,,	+ 5
39	31 955	7.6	+ 2
40	32 111	7.9	− 7

[1]) Auf Agfa ISS-Platten. [2]) Auf Matter-Sternplatten.

E	Max.	Gr.	$B-R$
41	2432 280	$8^m.2$	-3^d
42	32 443	7.9	−5
43	32 614	7.6	+1
44	32 780	8.1	+2
45	32 950	8.3	+7
46	33 113	6.9	+5
47	33 265	7.9	−8
48	33 429	7.3	−9
50	33 761	8.2	−7
51	33 936	8.25	+3
53	34 260	7.1	−3

Mittlere Elemente:

$M = 242\,5518 + 165^d.0 \cdot E;$ $\overline{B-R} = \pm 5^d.3 = \pm 3.2\%.$

$m_{\text{Max}} = 7^m.84;$ $\sigma_m = \pm 0^m.44$ $(6^m.8 - 8^m.6)$

$\sigma_z = \pm 5^d.7 = \pm 3.5\%.$

$\overline{\Delta Z}$	$\overline{m}_{\text{Max}}$	σ_m	n	$\overline{m}_{\text{Max}}$	$\overline{\Delta Z}$	σ_z	n
$-6^d.2$	$7^m.69$	$\pm 0^m.47$	10	$7^m.10$	$-2^d.0$	$\pm 2^d.9$	6
−2.0	7.83	±0.57	7	7.84	+0.8	±7.2	8
+8.5	8.14	±0.27	8	8.44	+2.3	±5.7	11

$r(\Delta Z,\ m_{\text{Max}}) = +0.264 \pm 0.186$ $(n = 25).$

E	Min.	Gr.	$B-R$
22	2429 078	$12^m.2$	$+1^d$
24	29 401	13.0	−6
25	29 571	12.8	−1
26	29 743	13.7	+6
27	29 906	13.2 phg.[1])	+4
29	30 237	12.6 ,,	+5
33	30 890	14.3 phg.[2])	−2
40	32 048	12.5	+1
42	32 376	13.0	−1
44	32 705	12.9	−2
45	32 871	13.0	−1
46	33 030	13.0	−7
47	33 201	13.2	−1
48	33 367	12.4	0

$t_M - t_m = 73^d;$ $t_M - t_m/P = 0.44;$ $\overline{B-R} = \pm 2^d.7 = \pm 1.6\%$

$m_{\text{Min}} = 12^m.88;$ $\sigma_m = \pm 0^m.30$ $(12^m.2 - 13^m.7).$

---

[1]) Auf Agfa ISS-Platten. [2]) Auf Matter-Sternplatten.

U Herculis

E	Max.	Gr.	$B-R_1$	$B-R_2$
0	2425 517	$7^m.4$	$+19^d$	–
1	25 919	7.0	+17	–
5	27 533	8.1	+11	–
6	27 919	7.4	– 8	$+4^d$
7	28 329	7.2	– 3	+8
8	28 723	7.8	–14	–4
9	29 140	7.5	– 2	+7
10	29 533	6.9	–14	–6
11	29 944	7.8	– 7	–1
12	30 350	8.5 phg.	– 6	–1
13	30 748	9.7 ,,	–13	–9
15	31 572	8.2 ,,	+ 1	+3
16	31 974	7.2	– 2	–2
17	32 378	7.4	– 3	–4
18	32 795	7.5	+ 9	+7
19	33 198	7.3	+ 7	+4
21	34 005	7.1	+ 5	–1

Mittlere Elemente:

$M = 242\,5498 + 404^d.9 \cdot E;$ $\qquad \overline{B-R} = \pm 8^d.3 = \pm 2.0\%$

Instantane Elemente:

$M = 242\,7915 + 406^d.1 \cdot (E-6);$ $\qquad \overline{B-R} = \pm 4^d.4 = \pm 1.1\%$

$\overline{m}_{\text{Max}} = 7^m.40;\quad \sigma_m = \pm 0^m.25\ (6^m.9 - 8^m.1)$

$\sigma_z = \pm 8^d.4 = \pm 2.1\%.$

$\overline{\Delta Z}$	$\overline{m}_{\text{Max}}$	σ_m	n	$\overline{m}_{\text{Max}}$	$\overline{\Delta Z}$	σ_z	n
$-12^d.0$	$7^m.32$	$\pm 0^m.32$	4	$7^m.08$	$-4^d.0$	$\pm 5^d.2$	4
– 1.0	7.22	±0.14	4	7.37	–8.0	±9.0	3
+ 9.0	7.60	±0.16	3	7.65	+3.8	±9.1	4

$r(\Delta Z,\ m_{\text{Max}}) = +0.354 \pm 0.263\ (n = 11).$

E	Min.	Gr.	$B-R_2$
10	2429 377	$12^m.5$	$+ 1^d$
11	29 784	12.4	+ 2
12	30 190	14.4 phg.	+ 2
13	30 592	14.8 ,,	– 2
19	33 040	12.0	+10
20	33 426	11.7	–11

$t_M - t_m = 158^d;$ $\qquad t_M - t_m/P = 0.39;$ $\qquad \overline{B-R} = \pm 4^d.7 = \pm 1.1\%$

$\overline{m}_{\text{Min}} = 12^m.15;$ $\qquad \sigma_m = \pm 0^m.35\ (11^m.7 - 12^m.5).$

RS Herculis

E	Max.	Gr.	$B-R$
0	2426 265	$8^m.1$	-4^d
1	26 486	8.4	− 3
3	26 924	7.8	− 6
4	27 161	8.6	+11
5	27 376	7.6	+ 6
8	28 034	8.0	+ 3
11	28 680	7.9	−11
13	29 141	8.5	+ 9
14	29 352	7.8	0
15	29 560	8.5	−12
16	29 795	7.6	+ 3
17	30 004	7.8	+ 8
18	30 234	8.8 phg.	+ 1
19	30 461	9.2 ,,	+ 8
20	30 680	9.2 ,,	+ 7
21	30 897	9.1 ,,	+ 4
23	31 331	8.8 ,,	− 3
24	31 558	9.1 ,,	+ 4
28	32 438	8.0	+ 3
29	32 662	8.0	+ 7
30	32 882	8.0	+ 7
31	33 098	8.1	+ 3
32	33 302	7.8	−13
33	33 524	8.6	−12
34	33 745	8.1	−11
36	34 203	8.7	+ 7

Mittlere Elemente:

$M = 242\,6269.5 + 220^d.2 \cdot E;$ $\quad\overline{B-R} = \pm 6^d.4 = \pm 2.9\%$

$\overline{m}_{\text{Max}} = 8^m.09;\ \sigma_m = \pm 0^m.28\ (7^m.6 - 8^m.7)$

$\sigma_z = \pm 7^d.1 = \pm 3.2\%.$

$\overline{\Delta Z}$	$\overline{m}_{\text{Max}}$	σ_m	n	$\overline{m}_{\text{Max}}$	$\overline{\Delta Z}$	σ_z	n
$-10^d.8$	$7^m.90$	$\pm 0^m.27$	5	$7^m.72$	$-5^d.4$	$\pm 9^d.1$	5
− 0.7	8.15	±0.14	4	8.05	0.0	±2.6	4
+ 9.3	8.20	±0.46	4	8.52	+1.8	±8.7	4

$r\,(\Delta Z,\ m_{\text{Max}}) = +0.242 \pm 0.261\ (n = 13).$

E	Min.	Gr.	$B-R$
15	2429 476	$12^m.6$	$+10^d$
16	29 687	12.7	+ 1
17	29 910	12.7	+ 4
21	30 802	14.7: phg.	+15

E	Min.	Gr.	$B-R$
28	2432 320	$12^m.7$	-8^d
30	32 764	12.6	− 5
31	32 991	12.5	+ 2
32	33 195	12.1	−14
33	33 426	12.2	− 3

$t_M - t_m = 103^d$; $t_M - t_m/P = 0.47$; $\overline{B-R} = \pm 6^d.9 = \pm 3.1\,\%$

$\overline{m}_{Min} = 12^m.51$; $\sigma_m = \pm 0^m.20$ $(12^m.1 - 12^m.7)$.

S Hydrae

E	Max.	Gr.	$B-R$
0	2424 181	$7^m.4$	-15^d
6	25 752	7.7	+ 1
7	26 011	7.3	+ 1
10	26 795	8.2	+ 7
17	28 599	7.9	− 4
18	28 868	7.5	+ 6
21	29 659	7.4	+19
24	30 418	8.8 phg.	0
28	31 454	9.1 ,,	− 1
34	32 995	7.2	−15

Mittlere Elemente:

$M = 242\,4196 + 259^d.25 \cdot E$; $\overline{B-R} = \pm 6^d.9 = \pm 2.7\%$

$\overline{m}_{Max} = 7^m.58$; $\sigma_m = \pm 0^m.29$ $(7^m.2 - 8^m.2)$.

E	Min.	Gr.
20	2429 305	$12^m.2$

R Leonis

E	Max.	Gr.	$B-R$
0	2424 254	$6^m.1$	-17^d
7	26 450	5.4	+ 7
8	26 768	5.8	+14
9	27 083	5.8	+19
13	28 310	5.5	+ 4
14	28 616	5.35	0
15	28 919	5.1	− 8
16	29 218	5.2	−19
19	30 168	4.6	0
20	30 479	6.7	0
21	30 802	7.2 phg.	+13
26	32 337	5.0	− 4
27	32 644	5.4	− 7
28	32 962	5.6	0

Mittlere Elemente:

$M = 2424\,271 + 310^d\!.4 \cdot E;$ $\overline{B-R} = \pm 8^d\!.0 = \pm 2.6\%$

$\overline{m}_{Max} = 5^m\!.50;$ $\sigma_m = \pm 0^m\!.40$ $(4^m\!.6 - 6^m\!.7)$

$\sigma_z = \pm 6^d\!.9 = \pm 2.3\%.$

$\overline{\Delta Z}$	$\overline{m}_{Max}$	σ_m	n	$\overline{m}_{Max}$	$\overline{\Delta Z}$	σ_z	n
$-6^d\!.6$	$5^m\!.26$	$\pm 0^m\!.13$	4	$5^m\!.26$	$-6^d\!.6$	$\pm 3^d\!.2$	4
+5.2	5.98	±0.42	4	5.98	+5.2	±2.9	4

$r(\Delta Z, m_{Max}) = +0.75 : \pm 0.16 : (n = 8)$

$m_{Max} = 5^m\!.66 + 0^m\!.062\, \Delta Z$

$\Delta Z = -11^d + 21^d\ (m - 5).$

E	Min.	Gr.	$B-R$
0	2424 128	$10^m\!.5$	-9^d
5	25 685	10.3	− 4
6	26 012	10.0	+13
7	26 310	9.8	0
8	26 634	10.3	+14
11	27 550	9.5	− 1
12	27 861	9.4	− 1
13	28 172	10.0	− 0
14	28 485	10.2	+ 2
18	29 709	10.4	−15
19	30 010	9.9	−25
20	30 349	10.4	− 4
26	32 213	9.6	+ 6
27	32 521	9.9	+ 3
31	33 775	9.8	+16
32	34 075	9.6	+ 5

$t_M - t_m = 134^d;$ $t_M - t_m/P = 0.43;$ $\overline{B-R} = \pm 7^d\!.4 = \pm 2.4\%$

$\overline{m}_{Min} = 9^m\!.97;$ $\sigma_m = \pm 0^m\!.30$ $(9^m\!.4 - 10^m\!.5);$ $\sigma_z = \pm 10^d\!.7 = \pm 3.5\%.$

R Lyncis

E	Max.	Gr.	$B-R_1$	$B-R_2$
0	2425 486	$8^m\!.2$	0^d	$+8^d$
1	25 850	8.1	−14.5	− 8
2	26 239	8.2	− 4	+ 1
3	26 619	7.9	− 2.5	0
4	27 003	8.3	+ 3	+ 4
5	27 381	7.8	+ 2.5	+ 1
6	27 755	7.5	− 2	− 5
7	28 138	8.4	+ 2.5	− 2
8	28 520	8.0	+ 6	− 1

E	Max.	Gr.	$B-R_1$	$B-R_2$
9	2428 902	7^m85	$+ 9^d5$	+ 1
10	29 283	8.3	+12	+ 1
13	30 396	9.5 phg.	−10.5	[−27]
14	30 785	9.8 ,,	0	[−18]

Mittlere Elemente:

Max. = 2425 486 + $378^d5 \cdot E$; $\overline{B-R} = \pm 5^d3 = \pm 1.4\%$

Instantane Elemente (E 0 bis 10):

Max. = 2425 478 + $380^d4 \cdot E$; $\overline{B-R} = \pm 2^d9 = \pm 0.8\%$

$\overline{m}_{Max} = 8^m05$; $\sigma_m = + 0^m23$ $(7^m5 - 8^m4)$

$\sigma_z = \pm 4^d7 = \pm 1.2\%$

$\overline{\Delta Z}$	$\overline{m}_{Max}$	σ_m	n	$\overline{m}_{Max}$	$\overline{\Delta Z}$	σ_z	n
-6^d4	7^m82	$\pm 0^m13$	4	7^m81	-1^d2	$\pm 2^d9$	5
+3.1	8.18	±0.14	6	8.26	−0.2	±7.2	5

$r(\Delta_z, m_{Max}) = + 0.29 \pm 0.29$ $(n = 10)$

W Lyrae

E	Max.	Gr.	$B-R_1$	$B-R_2$
0	2425 775	8^m5	$- 8^d$	0^d
2	26 170	8.0	− 7	0
4	26 566	8.4	− 5	+ 1
6	26 959	8.1	− 6	− 1
7	27 160	7.6	− 2	+ 2
8	27 354	8.1	− 5	− 1
9	27 558	7.7	+ 2	+ 5
10	27 749	7.9	− 5	− 1
11	27 950	8.1	− 1	+ 2
12	28 149	7.9	+ 1	+ 4
13	28 337	8.0	− 8	− 6
14	28 531	7.7	−11	− 9
15	28 736	8.1	− 3	− 2
16	28 944	8.4	+ 8	+ 9
17	29 113	8.4	−20	− 7
18	29 321	7.5	− 9	0
19	29 524	7.7	− 3	+ 2
20	29 727	7.7	+ 2	+ 4
21	29 925	8.2	+ 3	+ 1
22	30 132	7.5 phg.[1])	+13	+ 7
23	30 324	7.7 ,,	+ 8	− 2
24	30 526	7.3 ,,	+13	− 1
26	30 926	9.4 phg.[2])	+19	− 2

[1]) Auf Agfa ISS-Platten ohne Filter.

[2]) Auf Matter Sternplatten.

E	Max.	Gr.	$B-R_1$	$B-R_2$
32	2432 100	$8^m_.1$	$+10^d$	-5^d
33	32 291	8.4	+ 4	− 8
34	32 494	8.1	+10	0
35	32 690	8.0	+ 9	+ 1
36	32 884	8.3	+ 6	+ 1
37	33 088	8.1	+13	+10
38	33 272	7.8	0	− 1
39	33 463	7.6	− 6	− 4
41	33 857	8.5	− 7	0
42	34 052	8.3	− 9	0
43	34 248	8.6	−10	+ 2

Mittlere Elemente:

$M = 242\,5783 + 197^d_.1 \cdot E;$ $\overline{B-R} = \pm 7^d_.2 = \pm 3.6\%$

Instantane Elemente:

(I) $M = 242\,5775.5 + 197^d_.5 \cdot E;$ $\overline{B-R} = \pm 3^d_.1 = \pm 1.6\%$

(II) $M = 242\,9120 \quad + 201.0 \cdot (E - 17);$ $\overline{B-R} = \pm 2.9 = \pm 1.4\%$

(III) $M = 243\,2105 \quad + 194.7 \cdot (E - 32);$ $\overline{B-R} = \pm 2.9 = \pm 1.5\%$

$\overline{m}_{Max} = 8^m_.06;$ $\sigma_m \pm 0^m_.25 \; (7^m_.5 - 8^m_.6)$

$\sigma_z = \pm 4^d_.9 = \pm 2.5\%$

$\overline{\Delta Z}$	$\overline{m}_{Max}$	σ_m	n	$\overline{m}_{Max}$	$\overline{\Delta Z}$	σ_z	n
$-6^d_.5$	$7^m_.98$	$\pm 0^m_.24$	6	$7^m_.66$	$+0^d_.2$	$\pm 5^d_.2$	8
−0.2	8.03	±0.27	9	8.03	+1.4	±5.4	9
+7.1	7.95	±0.28	8	8.37	+0.8	±3.5	6

$r\,(\Delta Z,\, m_{Max}) = +\,0.062 \pm 0.207 \; (n = 23)$

E	Min.	Gr.	$B-R_2$
17	2429 040	$12^m_.6$	$+9^d$
18	29 244	12.2	+12
19	29 435	11.4	+ 2
20	29 636	11.8	+ 2
21	29 820	12.4	−15
23	30 230	12.6 phg.[1])	− 7
24	30 441	12.3 ,,	+ 3
26	30 637	11.9 ,,	− 3
34	32 407	11.7	+ 5
35	32 605	11.6	+ 9
36	32 787	12.1	− 4
37	32 984	12.3	− 2
38	33 182	12.0	+ 2
39	33 373	12.2	− 2
43	34 148	12.2	− 6

[1]) Auf Agfa ISS-Platten ohne Filter.

$t_M - t_m = 92^d$; $t_M - t_m/P' = 0.46$ $P' = (P_{II} + P_{III}):2$

$\overline{m}_{Min} = 12^m\!.04$; $\sigma_m = \pm 0^m\!.30$ ($11^m\!.4 - 12^m\!.6$); $\sigma_z = \pm 7^d\!.3 = \pm 3.7\%$

$\overline{B - R} = \pm 5^d\!.5 = \pm 2.8\%$

Z Ophiuchi

E	Max.	Gr.	$B-R$
0	2425 525	$8^m\!.4$	$+ 5^d\!.5$
1	25 848	8.0	−19
3	26 572	8.8	+10
4	26 910	8.0	+ 0.5
5	27 250	8.3	− 7
6	27 608	phg.	+ 3.5
7	27 954	8.25	+ 2
13	30 051	8.6 phg.	+14
21	32 813	8.0	− 4
22	33 170:	phg.	+ 5.5
23	33 512	phg.	0
24	33 851	8.0	− 8.5
25	34 205	8.3	− 2

Mittlere Elemente:

$M = 242\,5519.5 + 347^d\!.5 \cdot E$; $\overline{B - R} = \pm 6^d\!.3 = \pm 1.8\%$

$\overline{m}_{Max} = 8^m\!.22$; $\sigma_m = \pm 0^m\!.24$ ($8^m\!.0 - 8^m\!.8$)

$\sigma_z = \pm 11^d\!.0 = \pm 3.2\%$

RY Ophiuchi

E	Max.	Gr.	$B-R_1$	$B-R_2$
0	2425 503	$8^m\!.1$	$+ 2^d$	$- 4^d$
2	25 806	8.4	+ 6	+ 1
4	26 105	7.8	+ 5	+ 1
5	26 257	9.1	+ 7	+ 4
7	26 553	7.8	+ 3	+ 1
12	27 298	8.0	− 1	− 1
19	28 346	8.4	− 3	+ 2
24	29 091	7.5	− 7	0
26	29 389	8.3	− 9	− 1
31	30 137	9.0 phg.	−10	0
34	30 586	7.8 ,,	−11	+ 1
36	30 894	9.3 ,,	− 3	+ 3
48	32 695	7.8	− 1	− 3
49	32 849	9.5	+ 3	+ 1
51	33 148	7.8	+ 3	− 2
53	33 452	8.1	+ 7	+ 1
56	33 899	7.6	+ 4	− 4
58	34 207	8.0	+12	+ 3

Mittlere Elemente:

$M = 242\,5501 + 149^d_.9 \cdot E;$ $\overline{B-R} = \pm 5^d_.4 = \pm 3.4\%$

Instantane Elemente:

(I) $M = 242\,5507 + 149^d_.36 \cdot E;$ $\overline{B-R} = \pm 1^d_.45 = \pm 1.0\%$

(II) $M = 243\,0891 + 150.60 \cdot (E-36);$ $\overline{B-R} = \pm 2.4 = \pm 1.6\%$

$\overline{m}_{Max} = 8^m_.15;$ $\sigma_m = \pm 0^m_.41$ $(7^m_.5 - 9^m_.5)$

U Orionis

E	Max.	Gr.	$B-R_1$	$B-R_2$	$B-R_3$
0	2425 531	$6^m_.0$	-18^d	–	–
1	25 926	6.8	+ 6	-15^d	0^d
2	26 301	6.5	+10	− 9	+ 3
3	26 659	6.0	− 3	−20	−12
4	27 045	7.0	+11	− 3	+ 1
5	26 425	6.7	+20	+ 8	+ 8
6	27 798	6.0	+22	+11	+ 8
7	28 167	6.6	+19	+11	+ 5
8	28 526	6.2	+ 7	+ 1	− 9
9	28 900	6.3	+10	+ 6	− 8
10	29 285	7.1	+23	+22	+ 4
11	29 628	6.4	− 5	− 5	− 1
12	30 004	6.4	0	+ 2	+ 6
13	30 364	7.9 phg.	−11	− 7	− 4
14	30 738	8.0 ,,	− 9	− 2	+ 1
15	31 105	8.1 ,,	−13	− 4	− 2
18	32 209	6.3	−23	− 8	− 6
19	32 586	6.4	−17	0	+ 1
20	32 955	5.8	−20	0	+ 1
21	33 330	6.8	−16	+ 5	+ 6
22	33 721	6.3	+ 4	–	–
23	34 100	7.15	+12	–	–

Mittlere Elemente:

$M = 242\,5549 + 371^d_.3 \cdot E;$ $\overline{B-R_1} = \pm 12^d_.7 = \pm 3.4\%$

Instantane Elemente:

(I) $M = 242\,5941 + 369^d_.2 \cdot (E\ 1-21);$ $\overline{B-R_2} = \pm 7^d_.3 = \pm 2.0\%$

E0, 22, 23 fallen stark heraus; der Zeitraum E1 bis E21 könnte evtl. noch geteilt werden (Rechnung für r und ΔZ wurde mit (I) geführt).

(Ia) $M = 242\,5926 + 372^d_.8 \cdot (E-1);$ $\overline{B-R_3} = \pm 5^d_.8 = 1.6\%$

(Ib) $M = 242\,9629 + 369.5 \cdot (E-11);$ $\overline{B-R_3} = \pm 3.1 = 0.8\%$

$\overline{m}_{Max} = 6^m_.46;$ $\sigma_m = \pm 0^m_.32$ $(5^m_.8 - 7^m_.15)$

$\sigma_z = \pm 8^d_.2 = \pm 2.2\%$

$\overline{\Delta Z}$	$\overline{m}_{Max}$	σ_m	n	$\overline{m}_{Max}$	$\overline{\Delta Z}$	σ_z	n
$-8^d.0$	$6^m.20$	$\pm 0^m.27$	5	$6^m.00$	$-4^d.25$	$\pm 7^d.2$	4
+ 5.5	6.40	±0.29	4	6.40	+ 1.2	±9.5	5
+11.8	6.72	±0.29	5	6.84	+10.0	±6.2	5

$$r\,(\Delta Z,\, m_{Max}) = +\,0.505 \pm 0.193\ (n = 14)$$
$$\Delta Z = -\,14^d.3 + 26^d.9\,(m - 5.8)$$
$$m_{Max} = 6^m.34 + 0^m.0372 \cdot \Delta Z$$

R Pegasi

E	Max.	Gr.	$B-R$
0	2425 805	$7^m.9$	$+ 1^d$
1	26 180	7.6	− 2
2	26 556	8.0	− 4
3	26 936	7.0	− 2
4	27 314	7.3	− 2
5	27 694	7.9	0
6	28 082	7.9	+10
7	28 441	7.3	− 9
8	28 823	8.3	− 5
9	29 219	7.9	+13
10	29 579	7.9	− 5

Max. $= 2425\,804 + 378^d \cdot E$ $\qquad\overline{B-R} = \pm\,4.8 = \pm\,1.3\%$

$\overline{m}_{Max} = 7^m.73;\quad \sigma_m = \pm\,0^m.30\ (7^m.0 - 8^m.3)$

$\sigma_z = \pm\,8^d.2 = \pm\,2.2\%$

$\overline{\Delta Z}$	$\overline{m}_{Max}$	σ_m	n	$\overline{m}_{Max}$	$\overline{\Delta Z}$	σ_z	n
$-8^d.4$	$7^m.62$	$\pm 0^m.29$	5	$7^m.30$	$-5^d.0$	$\pm 6^d.9$	4
+7.2	7.80	±0.36	5	7.98	+2.2	±9.9	6

$$r\,(\Delta Z,\, m_{Max}) = +\,0.22 \pm 0.30\ (n = 10)$$

Y Persei

E	Max.	Gr.	$B-R$
0	2426 040	$8^m.5$	$- 1^d$
1	26 298	8.8	+ 3
2	26 551	8.8	+ 1
3	26 802	8.8	− 2
4	27 069	8.8	+10
5	27 320	8.9	+ 6
7	27 810	8.7	−13
8	28 070	8.8	− 7
10	28 590	9.1	+ 3
11	28 850	8.9	+ 9
12	29 120	8.9	+24
13	29 355	8.8	+ 5

E	Max.	Gr.	$B-R$
14	2429 606	$8^m.8$	$+ 1^d$
15	29 863	phg.	+ 3
18	30 627	,,	+ 4
27	32 875	8.8	−40
31	33 930	8.45	− 3

Mittlere Elemente:

$M = 242\,6041 + 254^d.6 \cdot E$; $\overline{B-R} = \pm 7^d.9 = \pm 3.1\%$

$\overline{m}_{\text{Max}} = 8^m.79$ $\sigma_m = \pm 0^m.10$ $(8^m.45 - 9^m.1)$

$\sigma_z = \pm 7^d.7 = \pm 3.0\%$

$\overline{\Delta Z}$	$\overline{m}_{\text{Max}}$	n
-6^d4	$8^m.82$	5
+9.65	8.87	4

E	Min.	Gr.	$B-R$
2	2426 424	$10^m.8$	0^d
3	26 683	10.7	+ 5
4	26 930	10.7	− 3
7	27 700	10.5	+ 3
9	28 210	10.2	+ 4
10	28 453	10.7	− 7
12	28 970	10.8	0
13	29 223	10.8	− 1
14	29 484	10.4	+ 5
15	29 745	10.4	+12
27	32 775	10.1	−14

$t_M - t_m = 125^d$; $t_M - t_m / P = 0.49$; $\overline{B-R} = \pm 4^d.9 = \pm 1.9\%$

$\overline{m}_{\text{Min}} = 11^m.55$ $\sigma_m = \pm 0^m.22$ $(10^m.1 - 10^m.8)$

R Serpentis

E	Max.	Gr.	$B-R$
0	2430 236	$7^m.5$ phg.	-11^d
1	30 609	8.5 ,,	+ 6
2	30 966	7.8 ,,	+ 6
6	32 387	6.2	+ 1
7	32 738	6.9	− 4
8	33 095	5.5	− 4
9	33 447	7.0	− 8
10	33 815	7.3	+ 3
11	34 183	6.5	+15
	Min.		
7	32 600:	12.6	+ 2
8	32 952	12.9	− 2

$\text{Max.} = 2430\,247 + 356^{\text{d}}.5 \cdot E$ $\qquad \overline{B-R} = \pm 6^{\text{d}}.4 = \pm 1.8\%$

$t_M - t_m = 144^{\text{d}}.5$; $\quad t_M - t_{m/}P = 0.41$

$\overline{m}_{\text{Max}} = 6^{\text{m}}.57$; $\quad \sigma_m = \pm 0^{\text{m}}.55\ (5^{\text{m}}.5 - 7^{\text{m}}.3)$

$\sigma_z = \pm 7^{\text{d}}.7 = \pm 2.2\%$

R Trianguli [1])

E	Max.	Gr.	$B-R_1$	$B-R_2$	
0	2416 966	$6^{\text{m}}.91$	$+20^{\text{d}}$	-4^{d}	
1	17 233	6.41	+21	+1	
2	17 495	6.01	+17	+1	
3	17 755	6.41	+10	−1	
4	18 020	5.81	+ 9	+2	
5	18 285	7.01	+ 7	+4	
6	18 536	6.31	− 8	−7	
7	18 804	6.21	− 6	−1	
8	19 064	5.61	−13	−3	
9	19 329	5.81	−14	0	
10	19 599	6.61	−11	+7	-3^{d}
11	19 869	5.41	− 7		0
12	20 136	7.01	− 6		0
13	20 398	6.91	−11		− 5
15	20 931	5.71	−11		− 6
16	21 210	7.41	+ 2		+ 6
17	21 480	6.21	+ 6		+ 9
18	21 732	6.61	− 9		− 6
19	22 002	5.51	− 5		− 3
20	22 270	6.21	− 4		− 2
21	22 547	6.21	+ 7		+ 8
22	22 801	5.51	− 5		− 5
23	23 073	6.61	0		0
24	23 351	7.25	+12	+1	+11
26	23 880	5.91	+ 8	+2	
27	24 134	5.78	− 4	−8	
28	24 401	6.15	− 4	−5	
30	24 942	6.01	+ 4	+8	
31	25 195	6.31	− 9	−3	
32	25 463	6.80	− 7	+1	
33	25 722	6.21	−15	−4	
34	25 985	6.70	−18	−6	
35	26 263	6.55	− 7	+8	
36	26 522	6.70	−14	+3	-7^{d}
37	26 788	6.10	−14		− 8
38	27 065	7.00	− 4		+ 2

[1]) Bis E 23 sowie E 26, 30, 31 und 33 NIJLAND; E 27, 28, 34 und 35 Mittel NIJLAND-AHNERT; E 32 sowie E 36ff. AHNERT.

E	Max.	Gr.	$B-R_1$	$B-R_2$
39	2427 339	$6^m.00$	$+ 4^d$	$+ 9^d$
41	27 858	6.00	−10	− 7
42	28 120	5.70	−14	−12
43	28 403	5.70	+ 2	+ 4
45	28 936	6.45	+ 2	+ 3
46	29 192	6.30	− 8	− 9
47	29 472	5.50	+ 6	+ 4
48	29 738:	6.50	+ 5	+ 3
49	30 013	6.00	+14	+11
50	30 274	6.60	+ 8	+ 5
53	31 062:	7.40 phg.	− 3:	− 9
54	31 343	7.30 ,,	+12	+ 5
57	32 150	6.90	+20	+10
58	32 402	5.60	+ 5	− 5
60	32 935	6.30	+ 5	− 6
61	33 208	5.80	+12	− 1
62	33 474	5.70	+12	− 2
64	34 015:	6.50:	+20	+ 5

Mittlere Elemente:

$M = 241\,6946 + 266^d.4 \cdot E;$ $\qquad \overline{B-R} = \pm 9^d.1 = \pm 3.4\%$

Instantane Elemente:

(I) $M = 241\,6970 + 262^d.2 \cdot E;$ $\qquad \overline{B-R} = \pm 2^d.8 = \pm 1.1\%$

(II) $M = 241\,9602 + 267.0 \cdot (E-10);$ $\qquad \overline{B-R} = \pm 4.6 = \pm 1.7\%$

(III) $M = 242\,3350 + 264.1 \cdot (E-24);$ $\qquad \overline{B-R} = \pm 4.4 = \pm 1.7\%$

(IV) $M = 242\,6529 + 267.2 \cdot (E-36);$ $\qquad \overline{B-R} = \pm 6.0 = \pm 2.3\%$

$\overline{m}_{\text{Max}} = 6^m.26;$ $\qquad \sigma_m = \pm 0^m.41 \ (5^m.41 - 6^m.41)$

$\sigma_z \ \pm 6^d.5 = \pm 2.4\%$

$\overline{\varDelta Z}$	$\overline{m}_{\text{Max}}$	σ_m	n	$\overline{m}_{\text{Max}}$	$\overline{\varDelta Z}$	σ_z	n
$-9^d.3$	$6^m.21$	$\pm 0^m.39$	12	$5^m.70$	$+1^d.1$	$\pm 7^d.2$	15
+1.1	6.17	±0.42	17	6.33	−1.2	±6.0	18
+9.0	6.28	±0.57	13	6.98	+3.2	±5.7	9

$$r\,(\varDelta Z,\ m_{\text{Max}}) = +\,0.146 \pm 0.132 \ (n = 43)$$

E	Min.	Gr.	$B-R_2$
33	2425 611	$11^m.3$	$(+ 5^d)$
34	25 880	11.5	(+ 7)
37	26 678	11.6	+ 3
38	26 949	11.6	+ 7
40	27 458	11.3	−18

E	Max.	Gr.	$B-R_2$
41	2427 735	$11^m.8$	-8^d
44	28 548	12.1	+ 3
45	28 807	12.1	− 5
46	29 082	11.3	+ 3
47	29 354	11.2	+ 7
48	29 607	11.8	− 7
49	29 882	11.7	+ 1
59	32 565	12.1	+12
60	32 822	11.5	+ 2
62	33 354	11.3	− 1

$t_M - t_m = 118^d$; $t_M - t_m/P = 0.44$; $\overline{B-R} = \pm 5^d.9 = \pm 2.2\%$

$\overline{m}_{\text{Min}} = 11^m.61$; $\sigma_m = \pm 0^m.26$ $(11^m.2 - 12^m.1)$

R Ursae Maioris[1])

E	Max.	Gr.	$B-R_1$	$B-R_2$
0	2416 966	$6^m.83$	$+19^d$	-3^d
1	17 273	7.63	+25	+ 4
2	17 574	7.03	+25	+ 6
3	17 877	7.53	+27	+ 9
4	18 178	7.93	+27	+10
5	18 471	6.93	+19	+ 4
6	18 764	7.53	+11	− 3
7	19 082	8.03	+28	+15
8	19 361	7.03	+ 6	− 5
9	19 669	7.83	+13	+ 3
10	19 976	7.73	+19	+10
11	20 262	8.03	+ 4	− 3
12	20 558	7.03	− 1	− 7
13	20 852	7.13	− 8	−12
14	21 156	7.33	− 5	− 8
15	21 456	7.53	− 6	− 8
16	21 756	7.43	− 7	− 7
17	22 053	7.83	−11	−10
18	22 356	7.13	− 9	− 7
19	22 659	7.43	− 7	− 3
20	22 960	7.03	− 7	− 2
21	23 263	7.73	− 5	+ 1
22	23 569	7.73	0	+ 8
23	23 867	7.23	− 3	+ 6
24	24 159	7.03	−12	− 2
25	24 454	7.63	−18	− 6
26	24 763	8.03	−10	+ 3

1) Bis E 28 NIJLAND; E 29 bis 33 Mittel NIJLAND-AHNERT.

E	Max.	Gr.	$B-R_1$	$B-R_2$	
27	2425 061	6^m63	-13^d	$+1^d$	
28	25 360	8.13	−15	+1	
29	25 660	7.56	−16	+1	
30	25 956	8.21	−21	−3	
31	26 256	7.46	−22	−2	
32	26 563	7.81	−16	+5	
33	26 861	7.51	−19	+4	
34	27 161	7.40	−20	+4	
35	27 453	7.30	−29	−4	
36	27 753	7.90	−30	−3	-6^d
37	28 056	7.10	−28		−6
38	28 361	7.30	−24		−5
39	28 677	7.50	−9		+7
40	28 990	7.30	+3		+17
41	29 273	7.40	−15		−4
42	29 581	7.80	−8		0
43	29 880	7.60	−10		−4
49	31 696	7.40	0		−11
50	32 021	7.30	+24		+11
51	32 327	7.50	+29		+13
52	32 619	7.20	+20		+1
53	32 926	7.30	+26		+5
54	33 220	7.60	+19		−5
55	33 523	7.10	+21		−6
56	33 825	8.00	+22		−8
57	34 131	7.45	+27		−5

Mittlere Elemente:

$M = 241\,6947 + 301^d.0 \cdot E$; $\overline{B-R} = 15^d.4 = \pm 5.1\%$

Instantane Elemente:

(I) $M = 241\,6969.5 + 299^d.65 \cdot E$; $\overline{B-R} = \pm 5^d.2 = \pm 1.7\%$

(II) $M = 242\,7759 + 303.7 \cdot (E-36)$; $\overline{B-R} = \pm 6.7 = \pm 2.2\%$

$\overline{m}_{Max} = 7^m.47$; $\sigma_m = \pm 0^m.29$ $(6^m.63 - 8^m.21)$

$\sigma_z = \pm 5^d.6 = \pm 1.8\%$.

$\overline{\Delta Z}$	$\overline{m}_{Max}$	σ_m	n	$\overline{m}_{Max}$	$\overline{\Delta Z}$	σ_z	n
$-10^d.3$	$7^m.37$	$\pm 0^m.27$	12	$7^m.05$	$-4^d.5$	$\pm 5^d.0$	13
+0.3	7.47	±0.29	29	7.46	+0.4	±5.6	23
+10.4	7.69	±0.22	10	7.91	+2.6	±5.7	15

$r\,(\Delta Z,\ m_{Max}) = +0.249 \pm 0.131$ $(n = 51)$.

E	Min.	Gr.	$B-R$
41	2429 154	12ᵐ5	− 8ᵈ
42	29 473	12.8	+ 8
43	29 740	12.7	−29
50	31 898	12.9	+ 3
53	32 824	12.7	+18
54	33 120	12.5	+10
55	33 412	12.2	− 1

$t_M - t_m = 115^d$; $t_M - t_m / P = 0.38$; $\overline{B-R} = \pm 11\overset{d}{.}0 = \pm 3.6\%$

$m_{\text{Min}} = 12\overset{m}{.}61$; $\sigma_m = \pm 0\overset{m}{.}20$ $(12\overset{m}{.}2 - 12\overset{m}{.}9)$.

S Ursae Maioris [1])

E	Max.	Gr.	$B-R_1$	$B-R_2$
0	2416 868	$7\overset{m}{.}68$	+31ᵈ	− 4ᵈ
1	17 087	7.08	+24	− 8
2	17 306	7.48	+17	−12
3	17 531	7.18	+16	−10
4	17 759	7.18	+18	− 5
5	17 994	7.28	+27	+ 7
6	18 203	7.38	+10	− 7
7	18 433	7.38	+14	0
8	18 660	7.58	+15	+ 4
9	18 880	7.78	+ 9	+ 1
10	19 108	7.48	+11	+ 5
11	19 335	7.68	+12	+ 9
12	19 540	7.68	− 9	− 9
13	19 786	7.78	+11	+14
14	19 990	7.78	−11	− 5
15	20 227	7.68	0	+ 9
16	20 438	7.88	−15	− 3
17	20 679	7.68	0	+15
18	20 890	7.58	−15	+ 3
19	21 117	7.78	−14	+ 7
20	21 320	7.78	−37	−14
21	21 542	7.78	−41	−15
22	21 778	7.58	−31	− 2
23	22 006	7.68	−29	+ 3
24	22 236	7.78	−25	+10
25	22 457	7.98	−30	+ 8
26	22 658	7.78	−55	−14
27	22 900	7.68	−39	+ 5
28	23 136	7.79	−29	+14
29	23 362	7.69	−29	+12

[1]) Bis E 27 sowie E 35 und 36 Nijland; E 28 bis 34 und E 37 bis 42 Mittel Nijland-Ahnert.

E	Max.	Gr.	$B-R_1$	$B-R_2$	
30	2423 583	$7^m.59$	-34^d	$+4^d$	
31	23 821	7.94	−22	+14	
32	24 030	7.69	−39	− 6	
33	24 242	7.79	−53	−22	
34	24 486	7.79	−35	− 6	
35	24 708	7.78	−39	−13	
36	24 940	7.78	−33	− 9	
37	25 183	7.66	−16	+ 5	
38	25 412	7.64	−13	+ 6	
39	25 624	7.74	−27	−10	
40	25 848	7.64	−29	−15	
41	26 083	7.59	−20	− 8	
42	26 317	7.59	−12	− 3	
43	26 550	7.60	− 5	+ 2	
44	26 777	7.90	− 4	+ 1	
45	27 005	7.70	− 2	0	
46	27 240	7.20	+ 7	+ 7	
47	27 460	8.10	+ 1	− 2	
48	27 690	7.60	+ 5	0	
49	27 923	7.50	+12	+ 5	
50	28 152	7.70	+15	+ 5	
51	28 378	7.30	+15	+ 3	
52	28 607	7.95	+18	+ 3	
53	28 843	7.40	+28	+11	
54	29 062	7.40	+21	+ 2	
55	29 288	7.90	+21	− 1	
56	29 521	7.90	+28	+ 4	$+2^d$
57	29 747	7.80	+28		+ 2
58	29 974	7.70	+29		+ 3
59	30 186	7.60	+15		−11
60	30 419	8.20	+22		− 4
62	30 860	10.0 phg.	+11		−15
66	31 782	7.40	+29		+ 3
67	32 011	7.50	+32		+ 6
68	32 241	7.10	+36		+10
69	32 467	7.60	+36		+10
70	32 693	7.60	+36		+10
71	32 912	7.60	+29		+ 3
72	33 119	7.60	+10		−16
73	33 350	7.50	+15		−11
75	33 816	7.80	+29		+ 3
77	34 270	7.30	+31		+ 5

Mittlere Elemente:

$M = 241\,6837 + 226^d.0 \cdot E;$ $\overline{B-R} = \pm 21^d.7 = \pm 9.6\%$

Instantane Elemente:

(I) $M = 241\,6872 \quad + 223^{d}.1 \cdot E$; $\qquad \overline{B-R} = \pm 7^{d}.4 = \pm\ 3.3\%$

(II) $M = 242\,3122.5 + 228.4 \cdot (E-28)$; $\qquad \overline{B-R} = \pm 6.7 = \pm\ 2.9\%$

(III) $M = 242\,9519 \quad + 226.0 \cdot (E-56)$; $\qquad \overline{B-R} = \pm 7.4 = \pm\ 3.3\%$

$\overline{m}_{\text{Max}} = 7^{m}.64;\ \sigma_m = \pm\ 0^{m}.17\ (7^{m}.08 - 8^{m}.20)$

$\sigma_z = 7^{d}.9 = \pm\ 3.5\%.$

$\overline{\Delta Z}$	$\overline{m}_{\text{Max}}$	σ_m	n	$\overline{m}_{\text{Max}}$	$\overline{\Delta Z}$	σ_z	n
$-14^{d}.0$	$7^{m}.69$	$\pm 0^{m}.13$	17	$7^{m}.33$	$+1^{d}.9$	$\pm 5^{d}.5$	16
+ 0.2	7.63	±0.18	26	7.64	−0.1	±8.5	28
+ 9.7	7.62	±0.19	24	7.86	−1.2	±8.7	23

$r\,(\Delta Z,\ m_{\text{Max}}) = -\ 0.078 \pm 0.121\ (n = 67).$

E	Min.	Gr.	$B-R_1$	$B-R_2$
32	2423 940	$11^{m}.3$	$-\ 6^{d}$	$+\ 9^{d}$
33	24 162	11.4	−11	+ 2
34	24 380	11.5	−20	− 8
39	25 530	11.7	− 6	0
40	25 759	11.5	− 4	+ 1
41	25 986	11.6	− 4	− 1
42	26 211	11.6	− 7	− 4
43	26 439	11.9	− 6	+ 1
44	26 674	11.8	+ 2	+ 2
45	26 906	11.9	+ 7	+ 6
46	27 133	11.5	+ 7	+ 4
47	27 359	11.6	+ 5	+ 2
48	27 585	11.7	+ 4	− 1
50	28 040:	11.7:	+ 5	− 2
51	28 265	12.0	+ 3	− 6
52	28 502	11.7	+12	+ 3
53	28 724	11.6	+ 7	− 4
54	28 960	11.8	+16	+ 4
55	29 184	11.9	+13	0
56	29 406	12.1	+ 8	− 4
57	29 635	11.9	+ 9	− 1
58	29 862	11.9	+ 9	0
59	30 089	11.7	+ 9	+ 1
60	30 313	11.9	+ 6	− 1
61	30 541	11.7	+ 7	+ 1
66	31 672	11.6	+ 2	+ 2
67	31 906	12.1	+ 8	+10
68	32 110	11.1	−15	−12
69	32 336	12.3	−16	−12
70	32 568	11.8	−11	− 6

E	Min.	Gr.	$B-R_1$	$B-R_2$
71	2432 798	$11^m.9$	-8^d	-2^d
72	33 032	11.3	− 2	+ 6
73	33 260	11.6	− 1	+ 8
74	33 484	11.8	− 4	+ 6
77	34 158	11.3	−12	+ 2

Min. = 2423 946 + $227^d.2 \cdot E$ (= R_1) $\overline{B-R_1} = \pm 7^d.7 = \pm 3.4\%$

$\overline{B-R_2}$ (mit den instantanen Elementen II und III) = $\pm 3^d.8 = \pm 1.7\%$

$t_M - t_m = 106^d$; $t_M - t_m/P' = 0.47$; $P' = (P_{II} + P_{III}) : 2$

$\overline{m}_{\text{Min}} = 11^m.71$; $\sigma_m = \pm 0^m.20$ ($11^m.1 - 12^m.3$); $\sigma_z = \pm 4^d.2 = \pm 1.8\%$

T Ursae Maioris [1])

E	Max.	Gr.	$B-R_1$	$B-R_2$
0	2416 912	$7^m.42$	$+6^d$	-6^d
1	17 170	8.32	+ 8	− 3
2	17 435	8.12	+16	+ 6
3	17 691	7.82	+16	+ 6
4	17 930	7.02	− 2	−11
5	18 198	7.82	+ 9	+ 1
6	18 459	8.52	+14	+ 7
7	18 712	7.32	+10	+ 4
8	18 973	8.42	+15	+ 9
9	19 227	7.42	+12	+ 7
10	19 489	7.82	+17	+13
11	19 743	8.22	+15	+12
12	19 992	7.02	+ 7	+ 5
13	20 246	7.82	+ 5	+ 3
14	20 500	7.52	+ 2	+ 1
15	20 761	8.12	+ 6	+ 6
16	21 011	8.12	0	+ 1
17	21 259	6.72	− 9	− 7
18	21 507	7.82	−17	−15
19	21 775	8.52	− 6	− 3
20	22 014	6.92	−24	−20
21	22 276	8.52	−18	−13
22	22 540	8.32	−11	− 5
23	22 788	6.72	−19	−13
24	23 051	8.61	−13	− 6
25	23 301	7.96	−20	−12
26	23 563	8.61	−14	− 5
27	23 818	6.96	−16	− 6
28	24 078	8.46	−12	− 2
29	24 336	7.76	−11	0

[1]) Bis E 23 sowie E 30 bis 32 Nijland; E 24 bis 29 und E 33 bis 38 Mittel Nijland-Ahnert.

E	Max.	Gr.	$B-R_1$	$B-R_2$
30	2424 600	$8^m.50$	$-\ 4^d$	$+\ 8^d$
31	24 855	6.80	− 5	+ 8
32	25 113	7.30	− 4	+10
33	25 370	8.41	− 3	+11
34	25 609	6.61	−21	− 6
35	25 881	8.51	− 6	+10
36	26 135	8.21	− 8	+ 9
37	26 376	7.76	−24	− 6
38	26 650	7.21	− 6	+12
39	26 899	9.10	−14	+ 5
40	27 137	7.90	−33	−13
41	27 400	7.90	−26	−12
42	27 675	7.00	− 8	+ 5
43	27 920	7.90	−19	− 8
44	28 188	7.10	− 8	+ 2
45	28 450	8.40	− 3	+ 6
46	28 706	8.30	− 3	+ 3
47	28 967	7.20	+ 1	+ 6
48	29 224	8.20	+ 2	+ 5
49	29 494	7.70	+15	+17
50	29 733	7.80	− 3	− 2
51	29 994	6.80	+ 2	0
52	30 243	7.45	− 6	− 9
53	30 505	8.8 phg.	0	− 5
54	30 772	8.6 ,,	+10	+ 4
55	31 032	8.6 ,,	+13	+ 6
56	31 273	8.3 ,,	− 2	−12
57	31 541	8.9 ,,	+ 9	− 2
58	31 825	8.50	+37	+24
59	32 063	7.10	+18	+ 4
60	32 320	7.80	+18	+ 3
61	32 581	8.10	+23	+ 5
62	32 833	7.10	+18	− 1
63	33 098	8.20	+27	+ 6
64	33 340	7.30	+12	−10
66	33 865	8.50	+24	− 2
67	34 100	6.70	+ 2	−25

Mittlere Elemente:

$M = 241\,6906 + 256^d.6 \cdot E$; $\qquad \overline{B-R} = \pm\ 11^d.8 = \pm\ 4.6\%$

Instantane Elemente:

(I) $M = 241\,6918 + 255^d.8 \cdot E$; $\qquad \overline{B-R} = \pm\ 7^d.5 = \pm\ 2.9\%$

(II) $M = 242\,7412 + 258.2 \cdot (E-41)$; $\qquad \overline{B-R} = \pm\ 7.1 = \pm\ 2.7\%$

$\overline{m}_{\text{Max}} = 7^m.78$; $\quad \sigma_m = \pm\ 0^m.53\ (6^m.61 - 9^m.10)$

$\sigma_z = \pm\ 8^d.1 = \pm\ 3.2\%$.

$\overline{\Delta Z}$	$\overline{m}_{Max}$	σ_m	n	$\overline{m}_{Max}$	$\overline{\Delta Z}$	σ_z	n
$-12\overset{d}{.}6$	$7\overset{m}{.}42$	$\pm 0\overset{m}{.}54$	19	$6\overset{m}{.}98$	$-4\overset{d}{.}9$	$\pm 10\overset{d}{.}3$	18
+ 0.2	7.77	±0.47	21	7.81	−2.3	± 7.1	22
+10.0	8.10	±0.43	20	8.44	+5.2	± 5.1	20

$$r\,(\Delta Z,\, m_{\text{Max}}) = +\,0.397 \pm 0.109\ (n = 60)$$

E	Min.	Gr.	$B-R$
48	2429 126	$13\overset{m}{.}1$	$+11^{d}$
49	29 386	12.9	+13
50	29 644	13.4	+13
51	29 879	12.6	−10
60	32 195	13.2	−18
64	32 238	13.0	− 8

$t_M - t_m = 106^{d}$; $\quad t_M - t_m/P = 0.41$

$\overline{m}_{\text{Min}} = 13\overset{m}{.}03$; $\quad \sigma_m = \pm\, 0\overset{m}{.}22$

U Ursae Minoris

E	Max.	Gr.	$B-R_1$	$B-R_2$
0	2425 485	$7\overset{m}{.}6$	-47^{d}	-14^{d}
1	25 836	8.0	−21	+ 8
2	26 174	8.4	− 8	+16
3	26 488	8.2	−19	0
4	26 809	8.1	−23	− 9
5	27 157	8.1	0	+ 9
6	27 476	8.3	− 6	− 1
7	27 809	8.4	+ 2	+ 2
8	28 133	7.4	+ 1	− 4
9	28 484	8.4	+27	+17
10	28 804	7.9	+22	+ 7
11	29 132	8.3	+25	+ 6
12	29 449	8.1	+17	− 7
13	29 790	8.2	+33	+ 4
14	30 108	7.8	+26	− 8
15	30 425	8.4	+18	−21
19	31 725	8.5	+18	− 1
20	32 048	8.7	+16	+ 6
21	32 356	8.5	− 1	− 3
22	32 673	7.9	− 9	− 2
23	32 997	8.0	−10	+ 5
24	33 307	8.4	−25	− 2
26	33 940	8.3	−32	− 2

Mittler Elemente:

$M = 242\,5532 + 325^{d}.0 \cdot E;$ $\overline{B-R} = \pm 18^{d}.1 = \pm 5.6\%$

Instantane Elemente:

(I) $M = 242\,5499 + 329^{d}.8 \cdot E;$ $\overline{B-R} = \pm 8^{d}.3 = \pm 2.5\%$

(II) $M = 243\,1726 + 316.6 \cdot (E-19);$ $\overline{B-R} = \pm 3.0 = \pm 0.9\%$

$\overline{m}_{Max} = 8^{m}.17;$ $\sigma_m = \pm 0^{m}.25$ $(7^{m}.4 - 8^{m}.7)$

$\sigma_z = \pm 10^{d}.4 = \pm 3.2\%$

$\overline{\Delta Z}$	$\overline{m}_{Max}$	σ_m	n	$\overline{m}_{Max}$	$\overline{\Delta Z}$	σ_z	n
$-11^{d}.6$	$8^{m}.16$	$\pm 0^{m}.20$	8	$7^{m}.83$	$0^{d}.0$	$\pm 10^{d}.2$	6
+ 0.1	8.16	±0.36	7	8.19	−3.1	±11.3	7
+15.8	8.22	±0.16	5	8.46	+1.3	±10.1	7

$r\,(\Delta Z, m_{Max}) = +0.158 \pm 0.218\;(n = 20)$

E	Min.	Gr.	$B-R_1$	$B-R_2$
2	2425 995	$11^{m}.7$	-19^{d}	$+3^{d}$
3	26 325	11.6	−14	+ 4
4	26 673	11.6	− 7	+22
5	27 018	11.7	+29	+37
6	27 295	11.9	−19	−16
8	27 945	11.6	−19	−25
9	28 296	12.1	+ 7	− 4
10	28 633	12.2	+19	+ 3
11	28 964	12.2	+25	+ 4
12	29 297	12.4	+33	+ 7
13	29 615	11.9	+26	− 4
14	29 932	11.5	+18	−17
15	30 268	11.5	+29	−11
20	31 873	11.4	+ 9	+ 4
21	32 176	11.5	−13	− 9
22	32 508	11.2	− 6	+ 6
23	32 820	11.1	−19	+ 2
24	33 141	11.2	−23	+ 6
25	33 444:	11.6	−45	− 8
27	34 135	11.6	− 4	(+50)

$t_M - t_m = 167^{d};$ $t_M - t_m/P = 0.51$ $\overline{B-R_1} = \pm 19^{d}.2 = \pm 5.9\%$

$\overline{B-R_2}$ (ohne E 27) $= \pm 10^{d}.1 = \pm 3.1\%$

$\overline{m}_{Min} = 11^{m}.68;$ $\sigma_m = \pm 0^{m}.28$ $(11^{m}.1 - 12^{m}.4);$ $\sigma_z = \pm 15^{d}.6 = \pm 4.8\%$

Die Helligkeiten der Minima zeigen einen auffallenden Gang, ähnlich wie bei V Bootis.

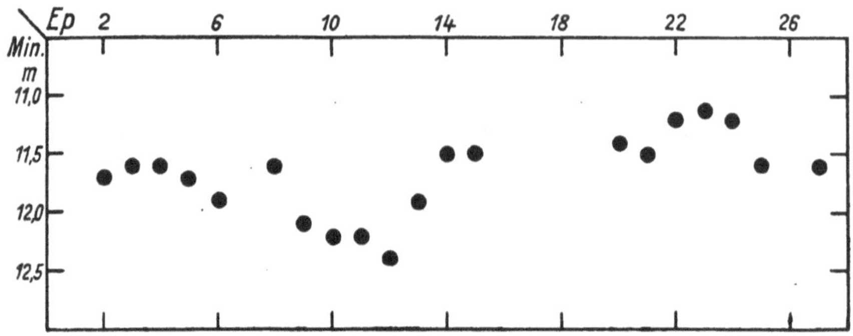

Abb. 3. Minimumhelligkeiten von U Ursae Minoris

R Virginis

E	Max.	Gr.	$B-R_1$	$B-R_2$
0	2425 408	$6^m.9$	$+29^d$	$+3^d$
2	25 702	6.8	+30	+ 8
5	26 125	6.95	+13	− 4
7	26 411	6.9	+ 6	− 8
12	27 134	7.0	− 4	− 9
15	27 580	6.7	+ 2	+ 2
17	27 870	7.1	− 1	+ 2
22	28 596	7.5	− 8	+ 4
25	29 022	7.0	−22	− 5
27	29 318	7.3	−19	+ 1
29	29 610	7.2	−20	+ 3
30	29 765	6.9	−12	+ 4
32	30 060	7.2	−10	+ 4
34	30 361	8.7 phg.	− 2	+10
35	30 488	7.1 ,,	−22	−11
37	30 783	8.1 ,,	−20	−11
47	32 278	6.3	+ 9	+ 7
52	33 007	6.9	+ 5	− 3
54	33 306	6.6	+11	+ 1
55	33 454	7.0	+12	+ 1
57	33 746	7.1	+11	− 2
60	34 197	6.5	+22	+ 5

Mittlere Elemente:

$M = 2425\,379 + 146^d.6 \cdot E$; $\overline{B-R} = +13^d.2 = \pm 9.0\%$

Instantane Elemente:

(I) $M = 2425\,405 + 144^d.9 \cdot E$; $\overline{B-R} = \pm 4^d.4 = \pm 3.1\%$

(II) $M = 2429\,761 + 147.7 \cdot (E-30)$; $\overline{B-R} = \pm 5.4 = \pm 3.6\%$

$\overline{m}_{Max} = 6^m.94$; $\sigma_m = \pm 0^m.21$ $(6^m.3 - 7^m.5)$

E	Min.	Gr.	$B-R_1$	$B-R_2$
23	2428 670	$11^m.0$	-8^d	$+4^d$
25	28 967	10.3	-4	$+6$
28	29 394	10.9	-17	-10
30	29 689	10.2	-15	-2
32	29 989	11.3	-8	$+3$
35	30 429	11.5 phg.	-8	0
37	30 722	11.8 ,,	-8	-2
38	30 864	12.2 ,,	-13	-8
47	32 206	12.0	$+10$	$+5$
48	32 350	11.8	$+7$	$+1$
50	32 640	11.0	$+4$	-5
52	32 946	11.7	$+17$	$+6$
55	33 388	12.0	$+19$	$+5$
60	34 122	11.2	$+20$	0

$t_M - t_m = 66^d$; $t_M - t_m/P = 0.45$ $\overline{B-R_1} = \pm 11^d.3 = \pm 7.7\%$

$\overline{m}_{Min} = 11^m.22$; $\sigma_m = \pm 0^m.55$ ($10^m.2 - 12^m.0$) $\overline{B-R_2} = \pm 4^d.1 = \pm 2.8\%$

U Virginis

E	Max.	Gr.	$B-R$
0	2425 729	$8^m.4$	-1^d
2	26 133	8.3	-9
5	26 768	9.0	$+8$
7	27 179	8.4	$+7$
9	27 590	8.2	$+6$
14	28 611	8.3	-3
16	29 015	8.0	-11
23	30 455	9.0 phg.	-13
39	33 779	8.0	$+15$

Mittlere Elemente:

$M = 242\,5730 + 206^d.0 \cdot E$; $\overline{B-R} = \pm 8^d.1 = \pm 3.9\%$

$\overline{m}_{Max} = 8^m.33$; $\sigma_m = \pm 0^m.22$ ($8^m.0 - 9^m.0$)

E	Min.	Gr.
18	2429 329:	$13^m.0$:

R Vulpeculae

E	Max.	Gr.	$B-R_1$	$B-R_2$
0	2424 147	$8^m.8$	$+2^d$	$+8^d$
2	24 406	7.9	-11	-7
10	25 507	8.4	-2	0
12	25 777	7.8	-4	-4

E	Max.	Gr.	$B-R_1$	$B-R_2$
13	2425 918	$7^m.7$	0^d	$+ 1^d$
15	26 191	8.4	0	0
16	26 324	7.5	− 3	− 4
18	26 611	8.6	+11	+10
20	26 876	8.1	+ 3	+ 1
21	27 012	8.3	+ 3	0
23	27 286	7.5	+ 4	+ 1
24	27 422	8.3	+ 4	0
25	27 559	8.0	+ 4	0
26	27 696	7.5	+ 5	0
28	27 969	8.0	+ 5	0
29	28 104	8.1	+ 4	− 2
31	28 373	7.7	0	− 7
32	28 514	8.1	+ 5	− 3
33	28 654	8.2	+ 8	+ 1
34	28 797	8.1	+15	+ 7
35	28 927	8.2	+ 8	0
36	29 064	7.8	+ 9	0
37	29 192	8.5	+ 1	− 4
38	29 328	7.5	0	− 3
39	29 470	8.15	+ 6	+ 3
40	29 608	8.6	+ 7	+ 5
41	29 742	8.4	+ 5	+ 3
42	29 871	7.3	− 2	− 4
47	30 554	9.5 phg.	− 1	− 1
50	30 954	9.2 ,,	−11	− 8
52	31 239	9.4 ,,	+ 2	+ 5
55	31 636	8.3	−11	− 6
58	32 047	7.9	− 9	− 2
59	32 181	7.8	−11	− 4
60	32 327	8.4	− 2	+ 6
61	32 460	8.2	− 5	+ 3
63	32 733	8.2	− 5	+ 4
64	32 864	7.7	−10	− 1
66	33 143	10.3 phg.	− 4	+ 3
67	33 274	7.5	− 9	− 3
68	33 415	8.2	− 5	+ 1
69	33 552	8.1	− 4	+ 1
71	33 826	8.3	− 3	+ 1
72	33 962	7.9	− 3	0
74	34 236	8.4	− 2	0

Mittlere Elemente:

$M = 242\,4145 + 136^d.4 \cdot E$; $\overline{B-R} = \pm 5^d.1 = \pm 3.7\%$

Instantane Elemente:

(I) $M = 242\,4139.5 + 136^{d}.8 \cdot E$;		$\overline{B-R} = \pm 2^{d}.5 = \pm 1.9\%$
(II) $M = 242\,9196$	$+ 135.9 \cdot (E - 37)$;	$\overline{B-R} = \pm 3.25 = \pm 2.4\%$
(III) $M = 243\,2866$	$+ 137.0 \cdot (E - 64)$;	$\overline{B-R} = \pm 1.3 = \pm 0.9\%$

$\overline{m}_{Max} = 8^{m}.06$; $\quad \sigma_m = \pm 0^{m}.29 \; (7^{m}.3 - 8^{m}.8)$

$\sigma_z = \pm 3^{d}.4 = \pm 2.5\%$

$\overline{\Delta Z}$	$\overline{m}_{Max}$	σ_m	n	$\overline{m}_{Max}$	$\overline{\Delta Z}$	σ_z	n
$-5^{d}.7$	$7^{m}.84$	$\pm 0^{m}.42$	7	$7^{m}.53$	$-2^{d}.6$	$\pm 3^{d}.6$	7
-0.6	8.02	± 0.29	12	7.99	$+0.6$	± 2.3	8
$+5.3$	8.41	± 0.31	7	8.31	$+0.3$	± 4.5	11

$r\,(\Delta Z, m_{Max}) = +0.290 \pm 0.180 \; (n = 26)$

E	Min.	Gr.	$B-R_2$
38	2429 270	$12^{m}.5$	0^{d}
39	29 403	12.5	− 2
40	29 540	12.8	− 1
41	29 681	13.4	+ 4
42	29 809	12.2	− 4
60	32 260:	13.0:	+ 1
61	32 397	12.6	+ 2
64	32 802	12.5	− 1
67	33 214:	12.7	0
68	33 352	12.6	+ 1
69	33 488	13.5	0
74	34 173	12.9	0

$t_M - t_m = 63^{d}$; $\quad t_M - t_m/P = 0.46 \quad \overline{B - R_2} = \pm 1^{d}.3 = \pm 1.0\%$

$\overline{m}_{Min} = 12^{m}.77$; $\sigma_m = \pm 0^{m}.34 \; (12^{m}.2 - 13^{m}.5)$

Tabelle 1. Zusammenstellung der Beobachtungsergebnisse

Stern	Sp.	Per.	$\overline{B-R_m}$ % d. Per.	$\overline{B-R_i}$ % d. Per.	σ_z %	$\frac{t_M-t_m}{P}$	Amplitude	σ_M	σ_m	$r\ (\Delta Z, m_{\mathrm{Max}})$
R And	Se	412^{d}2	±2.5	—	±4.4	0.38[6])	6^{m}7–14^{m}3[6])	±0^{m}47	—	+0.733±0.139 (n=11)
W And	M8e	397	±1.7	±1.1	±1.3	0.41[4])	7.4–13.8[5])	±0.50	—	+0.223+0.168 (n=32)
R Aql	M7e	301[1])	—	±1.8	±2.3	0.44	6.3–11.4	±0.36	±0^{m}35	+0.237±0.136 (n=47)
RT Aql	M7e	330	±2.4	±1.1	—	—	8.8–14.0[3])	±0.25	—	—
R Ari	M3e	186.7	±3.5	±2.3	±3.2	0.45	8.0–13.0[5])	±0.28	—	+0.263±0.147 (n=39)
R Aur	M7e	459.7	±2.4	±1.3	±2.1	0.52[4])	7.7–13.3[5])	±0.34	—	+0.579±0.128 (n=27)
R Boo	M4e	223.9	±4.7	±2.1	±2.6	0.44	7.5–12.4	±0.29	±0.15	+0.422±0.168 (n=24)
V Boo	M6e	257.6	±5.4	±2.9	±5.5	0.49	7.8–10.1	±0.20	±0.50	−0.14 ±0.19 (n=28)
V Cnc	Se	271.9	±1.5	—	±1.7	—	8.1–13.0[6])	±0.25	—	—
R CVn	M6e	332.6	±2.1	±0.8	±1.3	0.45	7.8–12.0	±0.29	±0.16	−0.382±0.186 (n=21)
R Cas	M7e	432	±2.0	±0.8	±2.2	0.34	6.1–12.4	±0.36	—	+0.318±0.232 (n=15)
T Cas	M8e	445.4	±5.5	±2.8	±3.1	0.59	7.7–11.9	±0.21	±0.32	+0.104±0.178 (n=31)
V Cas	M6e	226.5	±3.0	±1.9	±2.6	0.48	8.0–11.8	±0.26	±0.40	+0.051±0.179 (n=31)
T Cep	M7e	392.3	±5.0	±1.6	±2.2	0.51	5.8–10.5	±0.20	±0.18	+0.156±0.154 (n=40)
o Cet	M6e	333.7	±2.8	±1.8	±3.4	0.30	3.8–9.3[2])	±0.79	±0.08	+0.410±0.250 (n=11)
S CrB	M7e	359.6	±2.1	±1.4	±2.5	0.34	7.3–13.1	±0.58	±0.47	−0.047±0.156 (n=41)
R Cyg	Se	426.5	±5.3	±3.0	±5.0	0.36[4])	7.2–13.8[4])	±0.43	—	+0.835±0.053 (n=33)
U Cyg	Ne	469.3	±4.5	±1.6	±2.4	0.48	7.5–11.0	±0.30	±0.35	—
RT Cyg	M2e	190.5	±2.6	—	±3.5	0.44	7.4–12.3	±0.35	±0.30	+0.261±0.162 (n=33)
RU Cyg	M8e	235.1	±4.3	—	±5.9	0.45	8.0– 9.5	±0.19	±0.57	—
χ Cyg	Mpe	408.4	±3.4	±1.2	±1.6	0.43[4])	5.4–13.3[5])	±0.49	—	−0.124±0.171 (n=33)
R Del	M5e	285.7	±1.4	—	±1.8	0.43:	8.4–13.4[3])	±0.45	—	—
R Dra	M7e	245.3	±6.7	±1.5	±1.9	0.44	7.6–12.6	±0.30	±0.23	+0.338±0.111 (n=64)
R Gem	Se	367.8	±3.7	—	±7.2	0.36[6])	7.0–13.3[6])	±0.33	—	+0.420±0.228 (n=13)
S Her	M6e	314.1	±2.5	±1.6	±2.7	0.46	7.4–13.4	±0.45	±0.11	+0.297±0.253 (n=13)
T Her	M3e	165.0	±3.2	—	±3.5	0.44	7.8–12.9	±0.44	±0.30	+0.264±0.186 (n=25)
U Her	M7e	404.9	±2.0	±1.1	±2.1	0.39	7.4–12.2	±0.25	±0.35	+0.354±0.263 (n=11)
RS Her	M5e	220.2	±2.9	—	±3.2	0.47	8.1–12.5	±0.28	±0.20	+0.242±0.261 (n=13)
S Hya	M4e	259.2	±2.7	—	—	—	7.6–12.8[3])	±0.29	—	—
R Leo	M8e	310.4	±2.8	—	±2.3	0.43	5.5–10.0	±0.40	±0.30	+0.75 ±0.16: (n= 8)
R Lyn	Se	378.5	±1.4	±0.8	±1.2	0.45[6])	8.0–13.8[6])	±0.23	—	+0.29 ±0.29 (n=10)
W Lyr	M4e	197.1	±3.6	±1.5	±2.5	0.46	8.1–12.0	±0.25	±0.30	+0.062±0.207 (n=23)
Z Oph	M6e	347.5	±1.8	—	—	—	8.2–12.5[3])	±0.24	—	—
RY Oph	M5e	149.9	±3.4	±1.2	—	—	8.2–13.0[3])	±0.41	—	—
U Ori	M8e	371.3	±3.4	±1.2	±2.2	0.39[6])	6.5–11.7[3])	±0.32	—	+0.505±0.193 (n=14)
R Peg	M7e	378	±1.3	—	±2.2	0.44[3])	7.7–13.1[3])	±0.30	—	+0.22 ±0.30 (n=10)
Y Per	R4e	254.6	±3.1	—	±3.0	0.49	8.8–11.6	±0.10	±0.22	—
R Ser	M7e	356.5	±1.8	—	±2.2	0.41	6.6–13.0[3])	±0.55	—	—
R Tri	M4e	266.4	±3.4	±1.8	±2.4	0.44	6.3–11.6	±0.41	±0.26	+0.146±0.132 (n=43)
R UMa	M4e	301.0	±5.0	±2.1	±1.8	0.38	7.5–12.6	±0.29	±0.20	+0.249±0.131 (n=51)
S UMa	Se	226.0	±9.6	±3.1	±3.5	0.47	7.6–11.7	±0.17	±0.20	−0.078±0.121 (n=67)
T UMa	M4e	256.6	±4.6	±2.8	±3.2	0.41	7.8–13.0	±0.53	±0.22	+0.397±0.109 (n=60)
U UMi	M6e	325.0	±5.6	±2.1	±3.2	0.51	8.2–11.7	±0.25	±0.28	+0.158±0.218 (n=20)
R Vir	M4e	146.6	±9.0	±3.3	—	0.45	6.9–11.2	±0.21	±0.55	—
U Vir	M4e	206.0	±3.9	—	—	—	8.3–12.9[3])	±0.22	—	—
R Vul	M4e	136.4	±3.7	±1.9	±2.5	0.46	8.1–12.8	±0.29	±0.34	+0.290±0.180 (n=26)
			±2.1%[7])		±2.8%			±0^{m}32	±0^{m}29	

[1]) seit 1931, [2]) enger Begleiter, m_{Min} in Wirklichkeit wahrscheinlich tiefer, [3]) nach H. Ludendorff, Über die Lichtkurven der Mirasterne der Spektralklasse Me, Berlin 1932, [4]) nach A. A. Nijland, Mittlere Lichtkurven von langperiodischen Veränderlichen, Proc. Royal Akad., Amsterdam, [5]) Mittel aus 3 und 4, [6]) nach AKVS 1948. [7]) vgl. S. 221, 2. Absatz.

Tabelle 1 gibt eine Übersicht der bearbeiteten Sterne. Spalte 2 enthält die Spektren nach dem Allgemeinen Katalog der veränderlichen Sterne von B. W. KUKARKIN und P. P. PARENAGO, Moskau 1948 (AKVS), Spalte 3 die mittlere Periode für die Zeit der Beobachtung, Spalte 4 die durchschnittlichen Abweichungen der beobachteten Maxima gegen die mittleren $(\overline{B-R_m})$ und Spalte 5 die durchschnittlichen Abweichungen der Maxima gegen die instantanen Elemente $(\overline{B-R_i})$. Spalte 6 gibt die Streuung der beobachteten Zyklenlängen (σ_z) und Spalte 7 die aus den tatsächlich beobachteten Differenzen zwischen Minimum und folgendem Maximum abgeleiteten Werte $t_M - t_m/P$. Sie sind für die Sterne, bei denen von mir keine Minima beobachtet wurden, für die aber der Korrelationsfaktor zwischen der Zyklenlänge und der Helligkeit des folgenden Maximums $[r(\varDelta_z, m_{\text{Max}})]$ abgeleitet werden konnte, nach den in den Fußnoten genannten Quellen eingesetzt worden. In Spalte 8 stehen die mittleren Helligkeiten der Maxima und Minima; soweit die letzteren nicht auf eigenen Beobachtungen beruhen, sind sie nach den in den Fußnoten bezeichneten Arbeiten ergänzt, wobei die Werte aus AKVS, die Extremhelligkeiten darstellen, korrigiert wurden. Spalte 9 und 10 enthalten die Streuung der Helligkeiten der Maxima (σ_M) und Minima (σ_m) und die letzte Spalte den Korrelationsfaktor $r(\varDelta_z, m_{\text{Max}})$.

Am Fuß der Tabelle sind einige Mittelwerte gegeben. Unter den $\overline{B-R}$ sind die $\overline{B-R_i}$ und die $\overline{B-R_m}$ derjenigen Sterne, bei denen eine Einführung von instantanen Elementen nicht nötig war, gemittelt. Dieser Wert gibt also die zu erwartenden Unregelmäßigkeiten im Eintreffen der Maxima von Mirasternen, wenn keine Epochensprünge oder systematischen Periodenänderungen eintraten. Eine Aufgliederung dieser Mittelwerte und derjenigen für die σ_z nach Periodenlängen zeigt übrigens, daß der Einfluß der Beobachtungsfehler, der die prozentual berechneten Werte für die kleinen Perioden in die Höhe treiben müßte, nur klein sein kann:

Tabelle 2

Per.	$\overline{B-R}$	n	σ_z	n
$<200^d$	$\pm 2.3\%$	7	$\pm 3.0\%$	5
200^d—299^d	$\pm 2.6\%$	14	$\pm 3.1\%$	12
300^d—399^d	$\pm 1.7\%$	17	$\pm 2.5\%$	15
$\geq 400^d$	$\pm 1.8\%$	8	$\pm 2.9\%$	8

Besonders bei den σ_z liegen die längsten und die kürzesten Perioden dem Gesamtmittel am nächsten und die Unterschiede sind so klein, daß sie bei den kleinen Gruppen wohl zur Hauptsache auf zufälligen Verteilungsanomalien beruhen werden.

Das Mittel der σ_M in Tabelle 1 ist nur von den Sternen gebildet, für die auch σ_m vorliegen. Sie bestätigen die bekannte Tatsache, daß die Helligkeitsstreuung im Maximum etwas größer ist als im Minimum.

Wie schon aus der früheren auf S. 157 erwähnten Untersuchung hervorging [3], ist die Beziehung zwischen der Zyklenlänge und der Helligkeit des folgenden Maximums bei den einzelnen Sternen ganz verschieden straff. Nur 5 von 34 Sternen, für die der Korrelationsfaktor $r\ (\varDelta_z, m_{\text{Max}})$ abgeleitet werden konnte, haben $r \geq +0.5$. 8 Sterne zeigen $+0.5 > r \geq +0.3$ und 10 Sterne $+0.3 > r > +0.2$. 10 weitere Sterne

Tabelle 3.

Beziehung zwischen dem Korrelationsfaktor $r(\Delta Z, m_{Max})$ und Amplitude, Streuung der Zyklen- und Maximumgrößen $(\sigma_z \cdot \sigma_M)$, Kurvenform $\left(\frac{t_M - t_m}{P}\right)$, Periode, Spektrum und Radialgeschwindigkeit (v)

$r(\Delta Z, m_{Max})$				A	$\sigma_z \cdot \sigma_M$	$\frac{t_M-t_m}{P}$	P	Sp	v
R Cyg	+0.84	±0.05	(n=33)	6ᵐ.8	2.15	0.36	426ᵈ	Se	− 7 km/sec
R Leo	+0.75	±0.16	(n= 8)	4.5	0.92	0.43	310	M8e	+ 4
R And	+0.73	±0.14	(n=11)	7.6	2.07	0.38	412	Se	− 2
R Aur	+0.58	±0.13	(n=27)	5.6	0.71	0.52	460	M7e	+ 6
U Ori	+0.50	±0.19	(n=14)	4.8	0.70	0.39	371	M8e	− 34
R Boo	+0.42	±0.17	(n=24)	4.9	0.75	0.44	224	M4e	− 44
R Gem	+0.42	±0.23	(n=13)	6.3	2.05	0.36	368	Se	− 52
o Cet	+0.41	±0.25	(n=11)	5.5	2.68	0.30	334	M6e	+ 54
T UMa	+0.40	±0.11	(n=60)	5.2	1.70	0.41	257	M4e	− 81
U Her	+0.35	±0.26	(n=11)	4.8	0.52	0.39	405	M7e	− 10
R Dra	+0.34	±0.11	(n=64)	5.0	0.57	0.44	245	M7e	−117
R Cas	+0.32	±0.23	(n=15)	6.3	0.79	0.34	432	M7e	+ 34
S Her	+0.30	±0.25	(n=13)	6.0	1.22	0.46	314	M6e	+ 8
R Vul	+0.29	±0.18	(n=26)	4.7	0.72	0.46	136	M4e	+ 3
R Lyn	+0.29	±0.29	(n=10)	5.8	0.28	0.45	378	Se	+ 26
T Her	+0.26	±0.19	(n=25)	5.1	1.54	0.44	165	M3e	−102
R Ari	+0.26	±0.15	(n=39)	5.0	0.90	0.45	187	M3e	+110
RT Cyg	+0.26	±0.16	(n=33)	4.9	1.22	0.44	190	M2e	− 98
R UMa	+0.25	±0.13	(n=51)	5.1	0.52	0.38	301	M4e	+ 41
RS Her	+0.24	±0.26	(n=13)	4.4	0.90	0.47	220	M5e	− 22
R Aql	+0.24	±0.14	(n=47)	5.1	0.83	0.44	301	M7e	+ 52
W And	+0.22	±0.17	(n=32)	6.4	0.65	0.41	397	M8e	− 28
R Peg	+0.22	±0.30	(n=10)	5.4	0.66	0.44	378	M7e	+ 26
U UMi	+0.16	±0.22	(n=20)	3.5	0.80	0.51	325	M6e	− 13
T Cep	+0.16	±0.15	(n=40)	4.7	0.44	0.51	392	M7e	+ 3
R Tri	+0.15	±0.13	(n=43)	5.3	0.98	0.44	266	M4e	+ 63
T Cas	+0.10	±0.18	(n=31)	4.2	0.65	0.59	445	M8e	− 5
W Lyr	+0.06	±0.21	(n=23)	3.9	0.62	0.46	197	M4e	−154
V Cas	+0.05	±0.18	(n=31)	3.8	0.68	0.48	226	M6e	− 20
S CrB	−0.05	±0.16	(n=41)	5.8	1.45	0.34	360	M7e	+ 15
S UMa	−0.08	±0.12	(n=67)	4.1	0.60	0.47	226	Se	+ 18
χ Cyg	−0.12	±0.17	(n=33)	7.9	0.78	0.43	408	Mpe	+ 18
V Boo[1]	−0.14	±0.19	(n=28)	2.3	1.10	0.49	258	M6e	− 23
R CVn	−0.38	±0.19	(n=21)	4.2	0.38	0.45	333	M6e	+ 7
Mittel	+0.27			5.2		0.43	313		
Streuung	±0.18			±0.8		±0.04			

[1]) Sehr unregelmäßig, s. Abb. 1, S. 170.

besitzen r zwischen $+0.2$ und -0.2, zeigen also bestimmt keine Bindung zwischen ΔZ und m_{Max}, und ein Stern gibt überraschenderweise $r = -0.38$, bevorzugt also nach zu langen Zyklen zu niedrige Maxima.

Um eine Beziehung zwischen $r(\Delta Z, m_{Max})$ und anderen Beobachtungsgrößen zu finden, wurden die 34 Sterne nach der Größe von r geordnet (Tabelle 3) und schließlich gruppenweise zusammengefaßt (Tabelle 4a und b).

Tabelle 4a und b. Gruppenweise Aufteilung der Sterne aus Tabelle 3

n	$r(\Delta Z, m_{Max})$	Ampl.	$\sigma_z \cdot \sigma_M$	$\frac{t_M - t_m}{P}$	Per.	Sp.	v_1
4a (mit R Leo und χ Cyg)							
9	+0.561	5ᵐ68 → $5^m.68$	±1.53	0.399	351^d	M6.2e (+3 Se)	32 km/sec
8	+0.301	5.34	±0.82	0.429	283	M5.3e (+1 Se)	51
9	+0.211	4.98	±0.78	0.449	308	M5.6e	38
8	−0.070	4.52	±0.78	0.464	307	M6.2e (+1 Se)	32

n	$r(\Delta Z, m_{Max})$	Ampl.	$\sigma_z \cdot \sigma_M$	$\frac{t_M - t_m}{P}$	Per.	Sp.	v_2
4b (ohne R Leo und χ Cyg)							
8	+0.538	$5^m.84$	±1.59	0.395	356^d	M5.8e (+3 Se)	25 km/sec
8	+0.301	5.34	±0.82	0.429	283	M5.3e (+1 Se)	16
8	+0.219	4.94	±0.75	0.450	313	M5.8e	26
8	−0.036	4.20	±0.81	0.465	289	M5.9e (+1 Se)	25

v_1 mit den $v > |80|$ km/sec.
v_2 ohne die $v > |80|$ km/sec sowie ohne R Leo und χ Cyg.

Das Resultat ist einigermaßen überraschend. Es war eine triviale Beziehung zwischen $r(\Delta Z, m_{Max})$ und $\sigma_z \cdot \sigma_M$ in dem Sinne zu erwarten daß deutliche Korrelationen mit großen Streuungen der Zyklen und Maximumhelligkeiten gekoppelt sind, da dieser Zusammenhang ja bei kleiner Streuung der Z und m_{Max} schon wegen der Beobachtungsfehler undeutlich werden muß. Ebenso konnte ein gleichsinniger Gang zwischen $r(\Delta Z, m_{Max})$ und den Periodenlängen erwartet werden.

Diese beiden Beziehungen bestehen aber nur zum Teil: In Tabelle 4 sind die $\sigma_z \cdot \sigma_M$ der ersten Gruppe mit den größten Korrelationskoeffizienten ($r(\Delta Z, m_{Max}) \geq +0.4$) rund doppelt so groß als die entsprechenden Werte der folgenden drei Gruppen und die Perioden der ersten Gruppe übertreffen das Mittel der übrigen in Tabelle 4a um 51^d, in Tabelle 4b um 61^d. Für die Sterne mit $r(\Delta Z, m_{Max}) < +0.4$ zeigen die Perioden und Streuungen der Zyklen und Maximumgrößen aber keinen systematischen Gang mehr.

Ebenso besteht keine Beziehung zu den Spektren und zu den Radialgeschwindigkeiten; die Anhäufung von Se-Spektren in der ersten Gruppe rührt daher, daß Mirasterne mit Se-Spektren im Mittel längere Perioden besitzen als die Me-Sterne.

Dagegen zeigt sich ein sehr deutlicher statistischer Zusammenhang zwischen $r(\Delta Z, m_{Max})$ und den Amplituden sowie dem Verhältnis zwischen auf- und absteigendem Ast der Lichtkurve ($t_M - t_m/P$) in dem Sinne, daß Sterne mit großen Amplituden und relativ steilem Aufstieg auch eine straffere Proportionalität zwischen der Helligkeit der Maxima und der Länge der vorangehenden Zyklen aufweisen. Anders ausgedrückt:

Je stärker und rascher die Strahlungsenergie der Mirasterne beim Aufstieg vom Minimum zum Maximum zunimmt, desto mehr neigen sie dazu, nach relativ kurzen Zyklen besonders hohe Maximumhelligkeiten zu erreichen und umgekehrt.

Abb. 4 zeigt die Beziehung zwischen $r(\Delta Z, m_{Max})$ und der Amplitude A. Die beiden Sterne χ Cygni und R Leonis fallen als einzige heraus. Schließt man sie aus, so ergibt sich die folgende Korrelation $[r(\Delta Z, m_{Max}) = r']$:

$$r(r', A) = +0.670 \pm 0.097.$$

Nimmt man χ Cygni und R Leonis mit herein, so wird $r(r', A) = +0.401 \pm 0.144$.

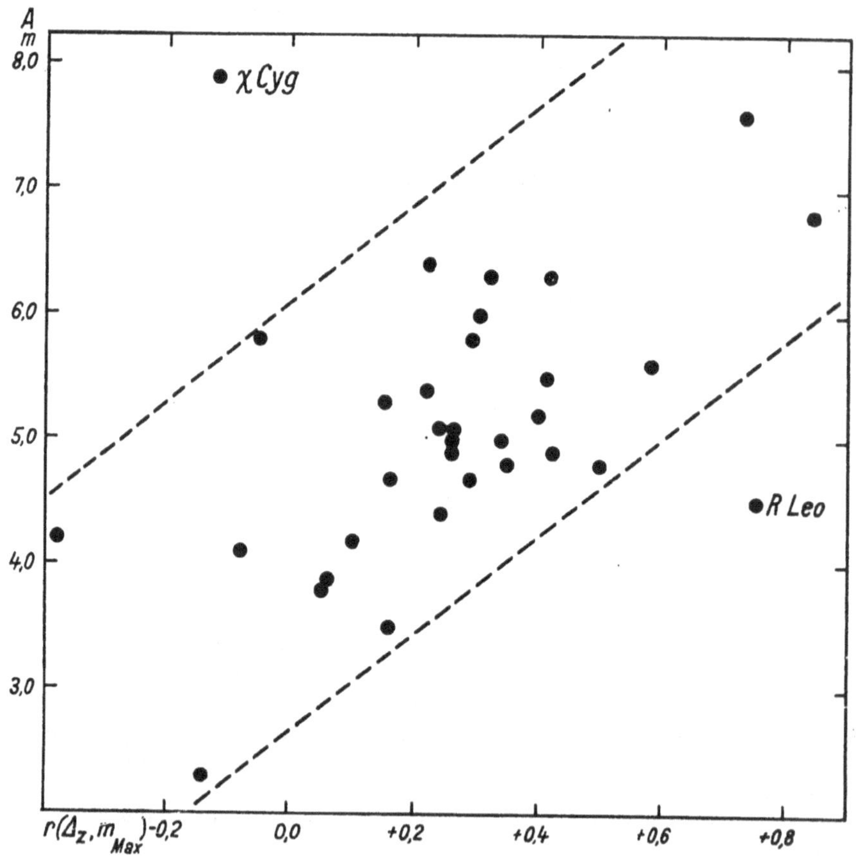

Abb. 4. Beziehung zwischen Amplitude und Korrelationsfaktor $r(\Delta Z, m_{Max})$

Es erschien weiterhin nicht ausgeschlossen, daß sich die Mirasterne der beiden Populationen in bezug auf die Straffheit der Korrelation $r(\Delta Z, m_{Max})$ unterscheiden würden. Der Grad dieser Korrelation hätte dann als zusätzliches Kriterium für die

Zugehörigkeit der Mirasterne zu der einen oder der anderen Population gelten können.

Zur Trennung der beiden Arten wurden zwei Beobachtungsgrößen benutzt: Die Periode und die Radialgeschwindigkeit. Die scheinbar schwachen Mirasterne in der Gegend des galaktischen Zentrums, die offenbar zur Population II gehören, haben im Mittel wesentlich kürzere Perioden als die scheinbar helleren Mirasterne der Sonnenumgebung [4]. Es besteht also die Wahrscheinlichkeit, daß sich auch unter den helleren Mirasternen mit kurzen Perioden (150^d-250^d) eine Anzahl versprengter Sterne der Population II befinden. Das zweite und zuverlässigere Kennzeichen der Sterne der Population II ist ihre hohe Geschwindigkeit, mit der sie sich in dem Feld der langsameren Mitglieder der Population I bewegen. In Tabelle 3 sind die Radialgeschwindigkeiten — und zwar die von dem Einfluß der Sonnenbewegung von 20 km/sec befreiten Werte — nach MERRILL [5] gegeben. Aus den dort abgeleiteten Übersichten geht erwartungsgemäß hervor, daß auch unter den helleren, also nahen Mirasternen diejenigen mit den kurzen Perioden hohe Radialgeschwindigkeiten besitzen. MERRILL findet für die Sterne mit Perioden zwischen 150^d und 199^d eine mittlere Radialgeschwindigkeit von 80 km/sec, für diejenigen mit Perioden von 200^d bis 249^d eine solche von 45 km/sec. In der ersten Gruppe weisen 41% eine Radialgeschwindigkeit von über 80 km/sec und 33% von über 100 km/sec auf, in der zweiten übertreffen die Radialgeschwindigkeiten von 17% der Sterne den Wert 80 km/sec. Die Sterne mit längeren Perioden ($>250^d$) haben dagegen eine mittlere Radialgeschwindigkeit von nur 28 km/sec und fast keine schnellen Mitglieder, gehören also sicher der Population I an ebenso wie die Sterne mit sehr kurzen Perioden ($<150^d$), für die MERRILL ebenfalls niedrige Radialgeschwindigkeiten findet (Mittel 41 km/sec, nur 12% über 80 km/sec und 6% über 100 km/sec).

Man darf also annehmen daß ein hoher Prozentsatz der Sterne mit Perioden zwischen 150^d und 250^d und ebenso der Sterne mit Radialgeschwindigkeiten über

Tabelle 5

	Per. 150^d–250^d 1) $n=8$	$v>80$ km/sec $n=6$	Per. 150^d–200^d $n=4$	$v \geqq 98$ km/sec $n=5$
$\overline{\text{Per.}}$	207^d	207^d	185^d	197^d
σ_P	$\pm 24^d$	$\pm 32^d$	$\pm 11^d$	$\pm 19^d$
$\bar{v}$ abs.	83 km/sec	110 km/sec	116 km/sec	116 km/sec
σ_v	±44 „	±18 „	±22 „	±17 „
$\bar{r}\,(\Delta_Z, m_{Max})$	+ 0.24	+ 0.26	+ 0.21	+ 0.24
σ_r	± 0.09	± 0.08	± 0.09	± 0.08
$\overline{t_M - t_m/P = \varkappa}$	0.44	0.44	0.45	0.45
$\sigma_\varkappa$	± 0.01	± 0.01	± 0.01	± 0.01
$\overline{\text{Ampl.}}$	$4^m_{\cdot}6$	$4^m_{\cdot}8$	$4^m_{\cdot}7$	$4^m_{\cdot}8$
σ_A	$\pm 0^m_{\cdot}5$	$\pm 0^m_{\cdot}3$	$\pm 0^m_{\cdot}5$	$\pm 0^m_{\cdot}3$

1) S UMa (Sp. Se) wurde ausgeschlossen, da er sowohl wegen seiner kleinen Radialgeschwindigkeit als auch wegen seiner Kurvenform wahrscheinlich zur Population I gehört. Er zeigt oft einen Buckel im aufsteigenden Ast seiner Lichtkurve, wie er nach den Sonneberger Untersuchungen [6] bei schwachen Mirasternen der Milchstraßengegenden nicht auftritt.

80 km/sec der Population II angehören. Mit noch höherer Wahrscheinlichkeit gilt dies für Sterne mit Perioden von 150^d bis 200^d und für solche mit Radialgeschwindigkeiten über 100 km/sec, die hier ohne Ausnahme Kürze der Periode mit hoher Radialgeschwindigkeit verbinden (Tabelle 5).

Betrachtet man die wenigen Sterne der Tabelle 5 als representativ für die in der Kopfzeile abgegrenzten Gruppen, so folgt daraus, daß die $r(\Delta Z,\ m_{\text{Max}})$ zwar kein Kriterium für die Zugehörigkeit eines Mirasterns zu einer der beiden Populationen bilden, daß sie aber doch für diese Sterne in engeren Grenzen liegen als für die Gesamtheit der untersuchten Sterne. Wenn sie sich auch nur wenig vom Gesamtmittel (+0.27) unterscheiden, fehlen doch sowohl negative wie hohe positive Werte, und die Streuung ist nur halb so groß. Die Gruppenmittel der Amplituden sind etwa $0^m.5$ kleiner als die mittlere Amplitude aller Sterne ($5^m.2$). Auch hier ist die Streuung nur halb so groß wie in Tabelle 3.

In besonders engen Grenzen liegen die $t_M - t_m/P$-Werte der ausgewählten Sterne. Bei den beiden letzten Gruppen der Tabelle 5, deren Glieder sämtlich mit hoher Wahrscheinlichkeit der Population II angehören, liegen diese Werte alle zwischen 0.44 und 0.46. Außerdem zeigen alle in Tabelle 5 aufgenommenen Sterne einen glatten Helligkeitsaufstieg, was ebenso für die schwachen, meist der Population II angehörenden Mirasterne der inneren Milchstraßenpartien gilt [6]. Zur Bestätigung dieser Zusammenhänge sind allerdings Untersuchungen an einem umfangreicheren Material notwendig.

Zum Schluß sei noch auf eine Besonderheit im Verhalten der Minima mehrerer Sterne hingewiesen. Die mit den aus den Maxima abgeleiteten Perioden gerechneten $B \cdot R$ zeigen mehrfach einen deutlichen Gang, der darauf hinweist, daß die Minima zeitweilig einer etwas abweichenden Periode folgen. Dies ist insbesondere bei den in Tabelle 6 aufgeführten Sternen der Fall, bei denen der Wert P_m-P_M und die beobachtete Dauer der Periodendiskrepanz gegeben sind.

Tabelle 6

Stern	Differenz zwischen Maximum- und Minimumperiode	Beobachtete Dauer der Perioden-diskrepanz
R Ari	P_m-P_M = + $0^d.5$	E 12–24
T Cas	− 6.3:	E 28–36
T Cep	− 2.5	E 23–32
S Her	− 0.7	E 12–24
RS Her	− 1.0	E 15–33
W Lyr	− 1.7	E 17–26
,,	− 1.1	E 34–43
R Tri	+ 0.3	E 37–62
R UMa	+ 1.6	F 41–55
T UMa	− 1.6:	E 48–64
U UMi	− 3.3:	E 2–15
R Vir	+ 0.2	E 30–60

Das Nebeneinanderbestehen von verschiedenen Perioden für die Maxima und Minima wirkt sich auf die Gestalt der Lichtkurve aus: Der Wert t_M-t_m ist nicht konstant, sondern um einen mittleren Betrag veränderlich. Das Überwiegen der negativen Vorzeichen der P_m-P_M in Tabelle 6 dürfte zufällig sein. Für das komplizierte Verhalten von V Boo und R Dra sei auf die Bemerkungen S. 170 und S. 191 hingewiesen.

Literatur

[1] NIJLAND, Proc. Royal Acad. Amsterdam, 33 bis 40; 1931 bis 1937.

[2] LORETA, B. Z. d. Astron. Nachr. 1938, Nr. 20.

[3] AHNERT, Astron. Nachr. 271, 68; 1940.

[4] AHNERT, Astron. Nachr. 269, 250; 1939.

[5] MERRILL, ApJ. 94, 171ff.; 1941.

[6] HOFFMEISTER u. Mitarbeiter, Die Veränderlichen Sterne der nördlichen Milchstraße, Teil I bis VII; 1938—1953

außerdem:

LUDENDORFF, Sitzungsberichte d. Preuß. Akad. d. Wiss., Phys.-math. Klasse XX; 1932.

KUKARKIN u. PARENAGO, Allg. Kat. d. veränd. Sterne, 1948, (AKVS).

STERNE, Harv. Circ. 386, 387; 1934.

Lichtkurven

Auf den folgenden Tafeln sind charakteristische Abschnitte der Lichtkurven der hier bearbeiteten Mira-Sterne dargestellt. Es fehlen RT Aquilae, V Cancri, R Delphini, S Hydrae und U Virginis, von denen keine längeren Reihen beobachtet wurden. Von V Bootis und U Ursae Minoris, deren Lichtkurven besonders stark veränderlich sind, sowie von T Cephei und S Ursae Maioris sind alle Beobachtungen seit 1928 dargestellt.

Da wegen des kleinen Maßstabes die Einzeichnung der Einzelbeobachtungen unübersichtlich geworden wäre, sind durchweg Mittel aus drei aufeinanderfolgenden Beobachtungen gegeben worden (schwarze Punkte).

Auf die Ableitung mittlerer Lichtkurven wurde verzichtet. Die Kurvenform ändert sich auch bei demselben Stern von Zyklus zu Zyklus meist so erheblich, daß die Wiedergabe der einzelnen Erscheinungen ein viel besseres Bild vom photometrischen Verhalten des Sterns gibt als eine mittlere Lichtkurve, die die charakteristischen Einzelheiten verwischt.

Die meisten Kurven lassen sich in die LUDENDORFFsche Klassifikation (Handbuch der Astrophysik, Bd. VI, 99; 1928) einordnen. Die große Mehrzahl der Mirasterne zeigt aber doch individuelle Besonderheiten, die von den reinen Typen dieser Klassifikation abweichen.

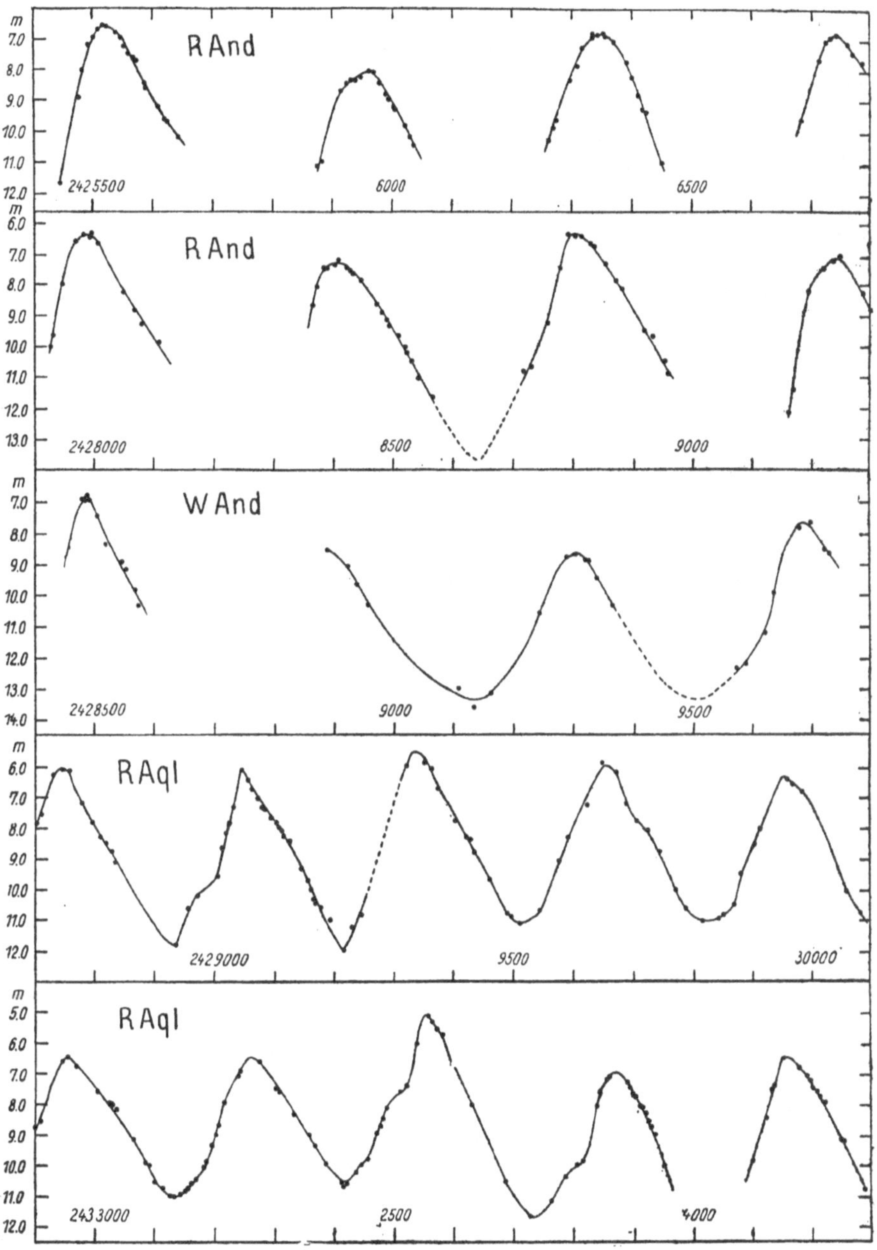

Tafel 1: Lichtkurven von R und W Andromedae und R Aquilae

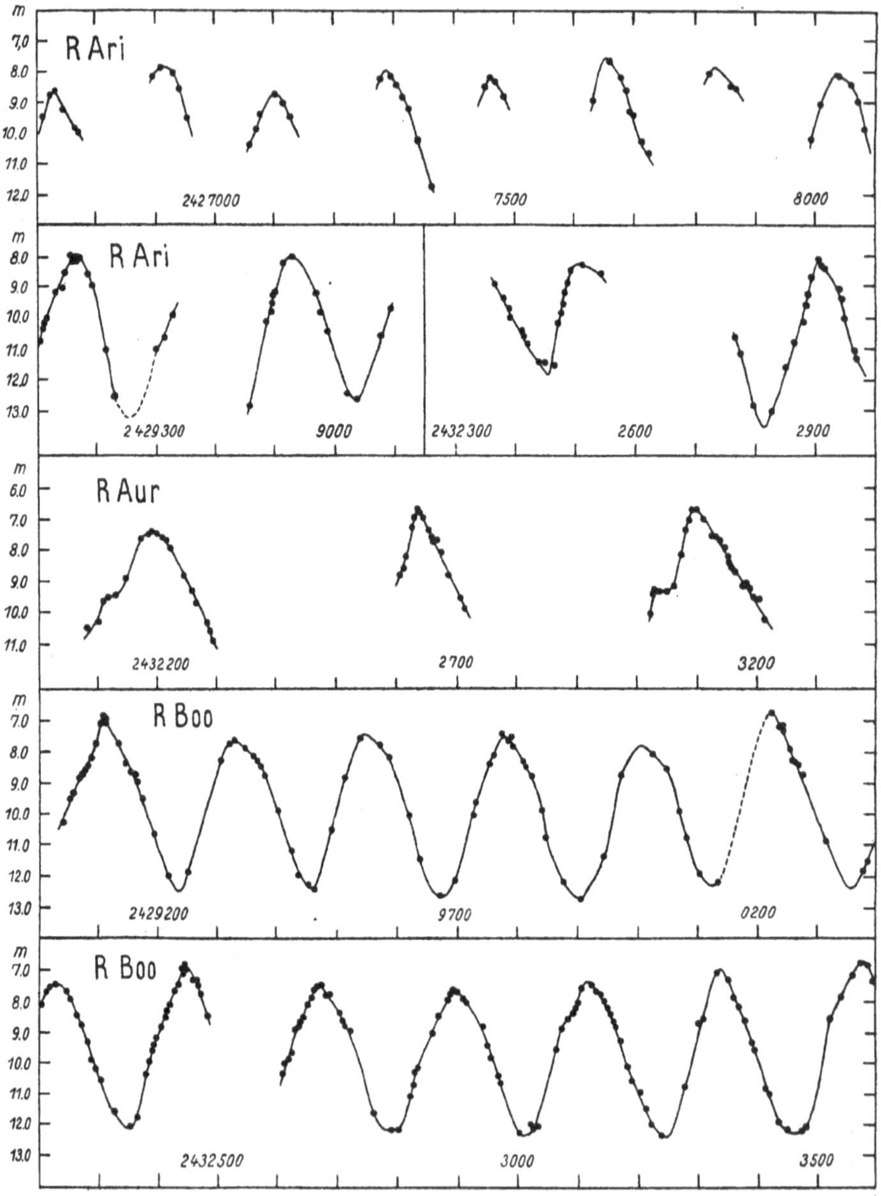

Tafel 2: Lichtkurven von R Arietis, R Aurigae und R Bootis

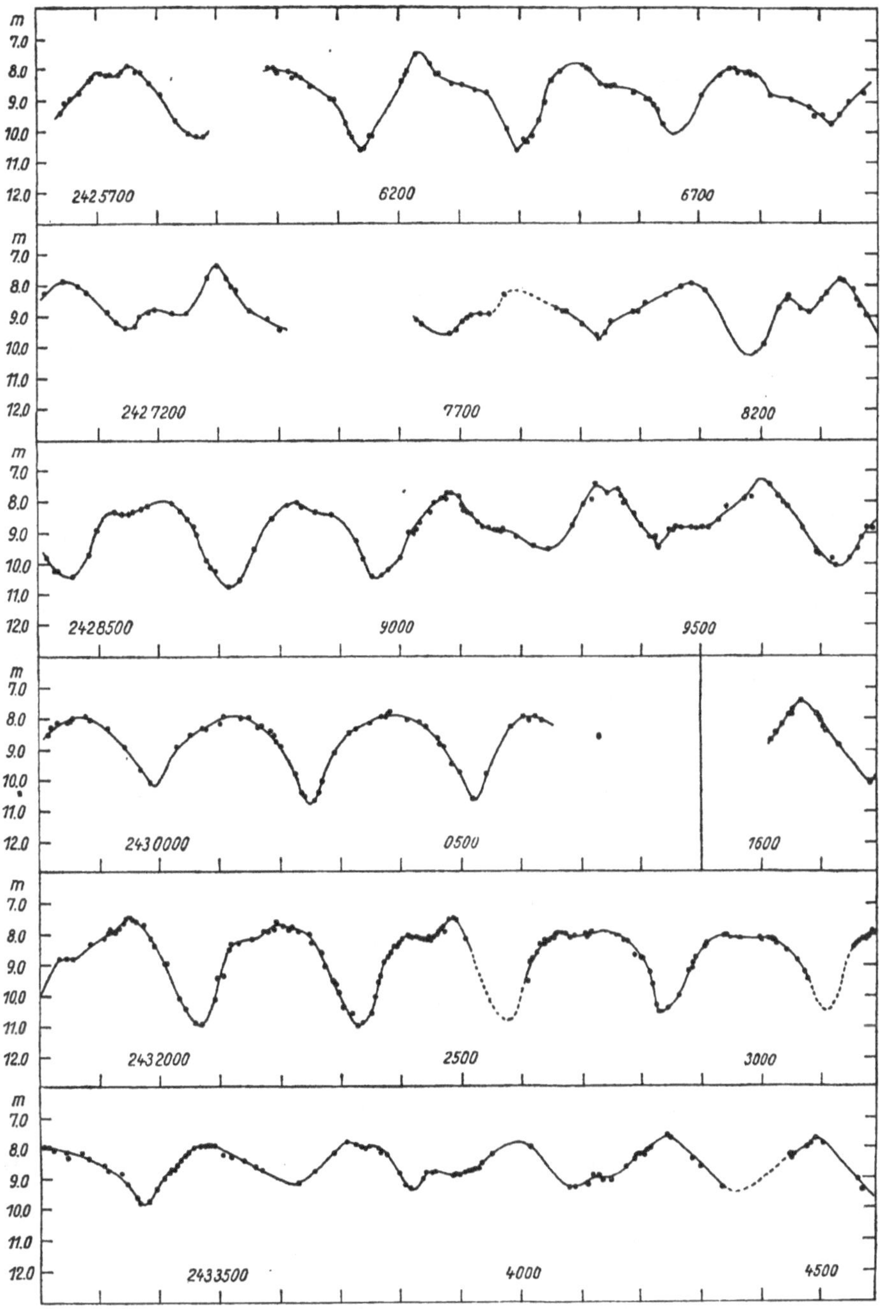

Tafel 3: Lichtkurven von V Bootis

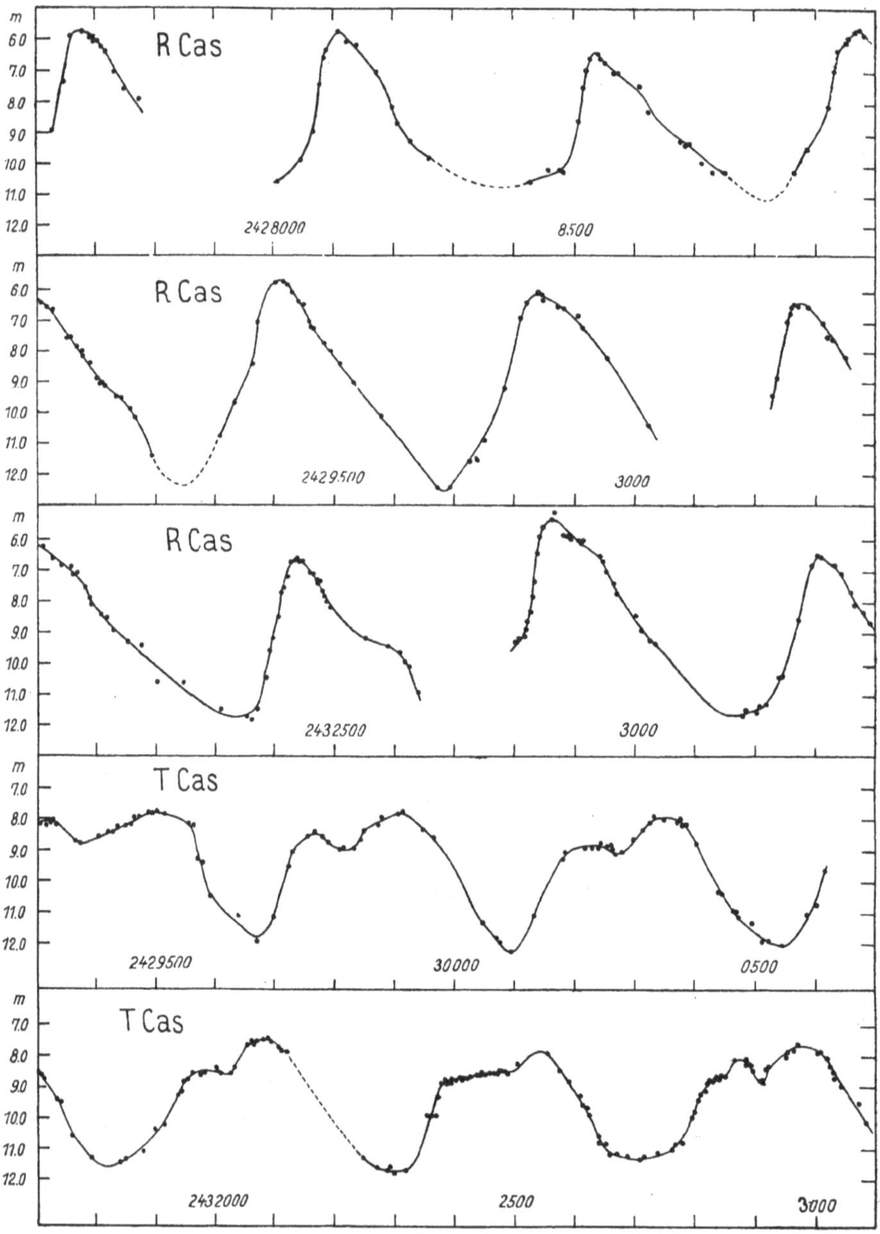

Tafel 4: Lichtkurven von R und T Cassiopeiae

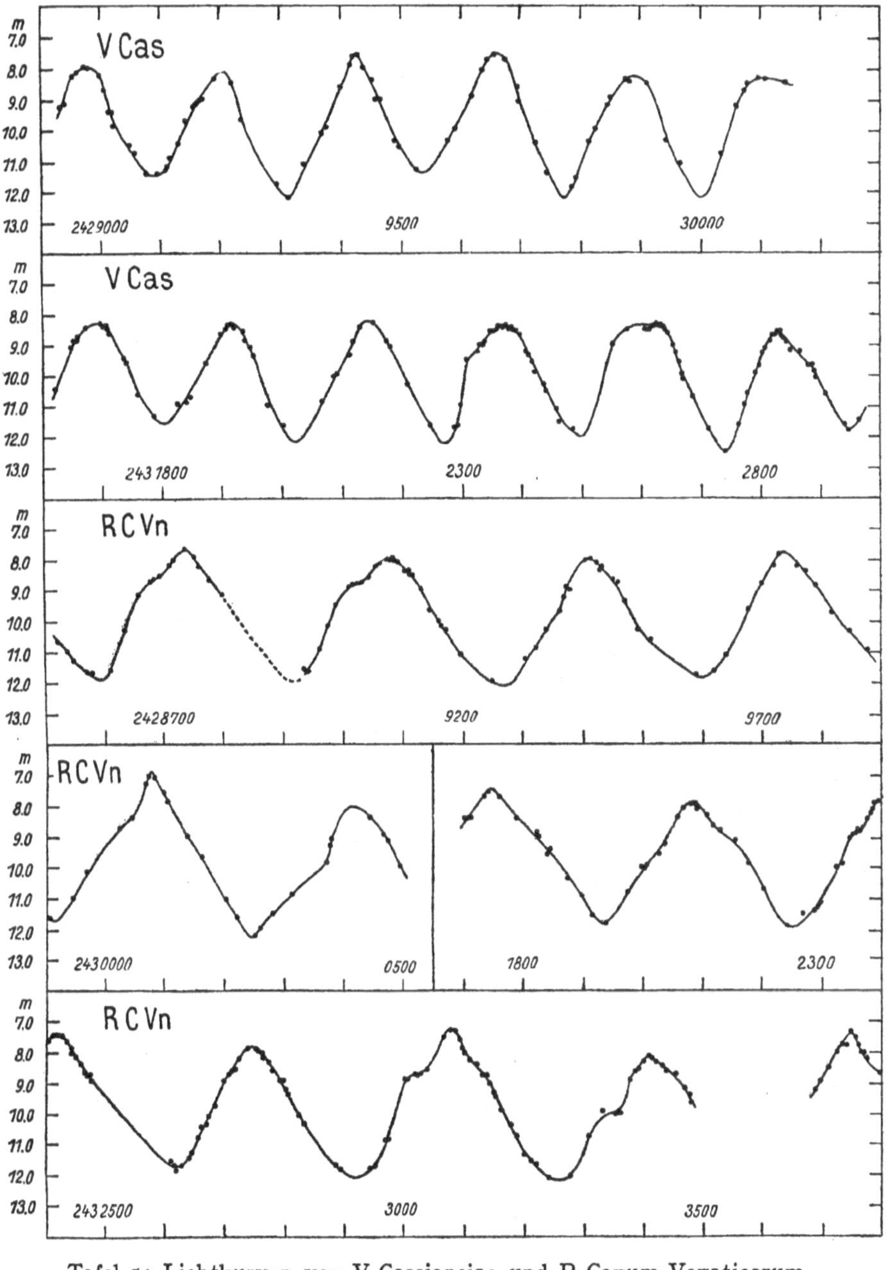

Tafel 5: Lichtkurven von V Cassiopeiae und R Canum Venaticorum

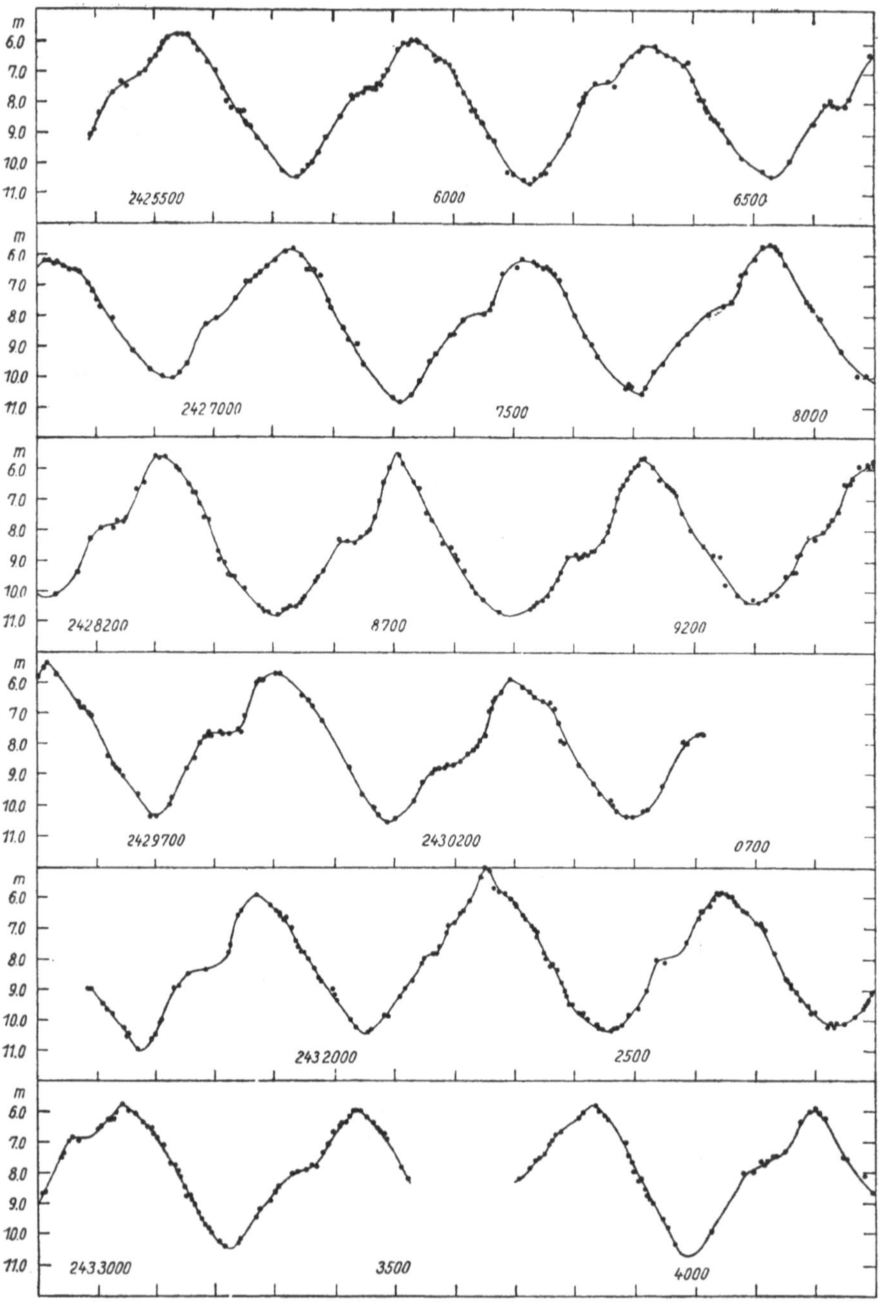

Tafel 6: Lichtkurven von T Cephei

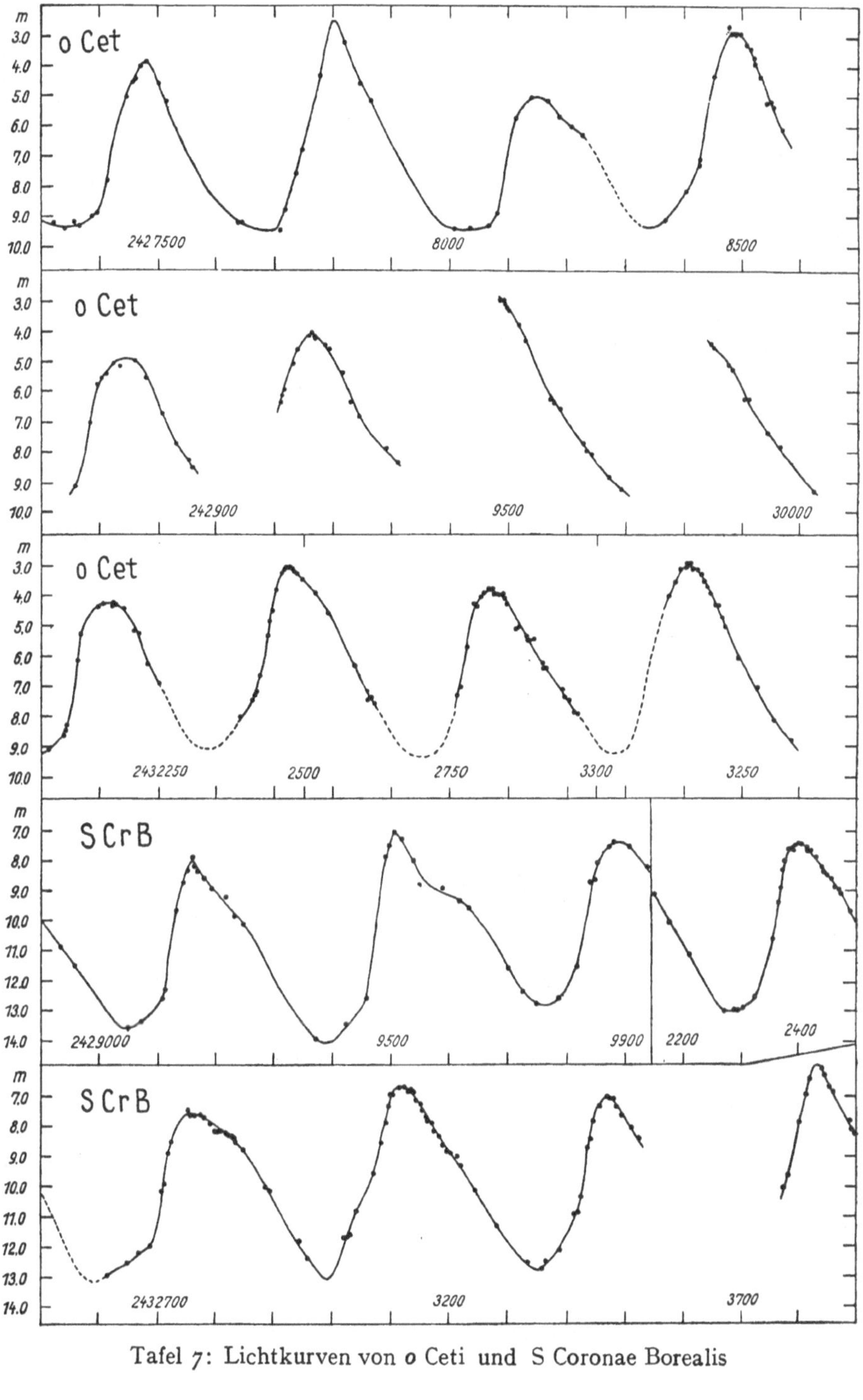

Tafel 7: Lichtkurven von *o* Ceti und S Coronae Borealis

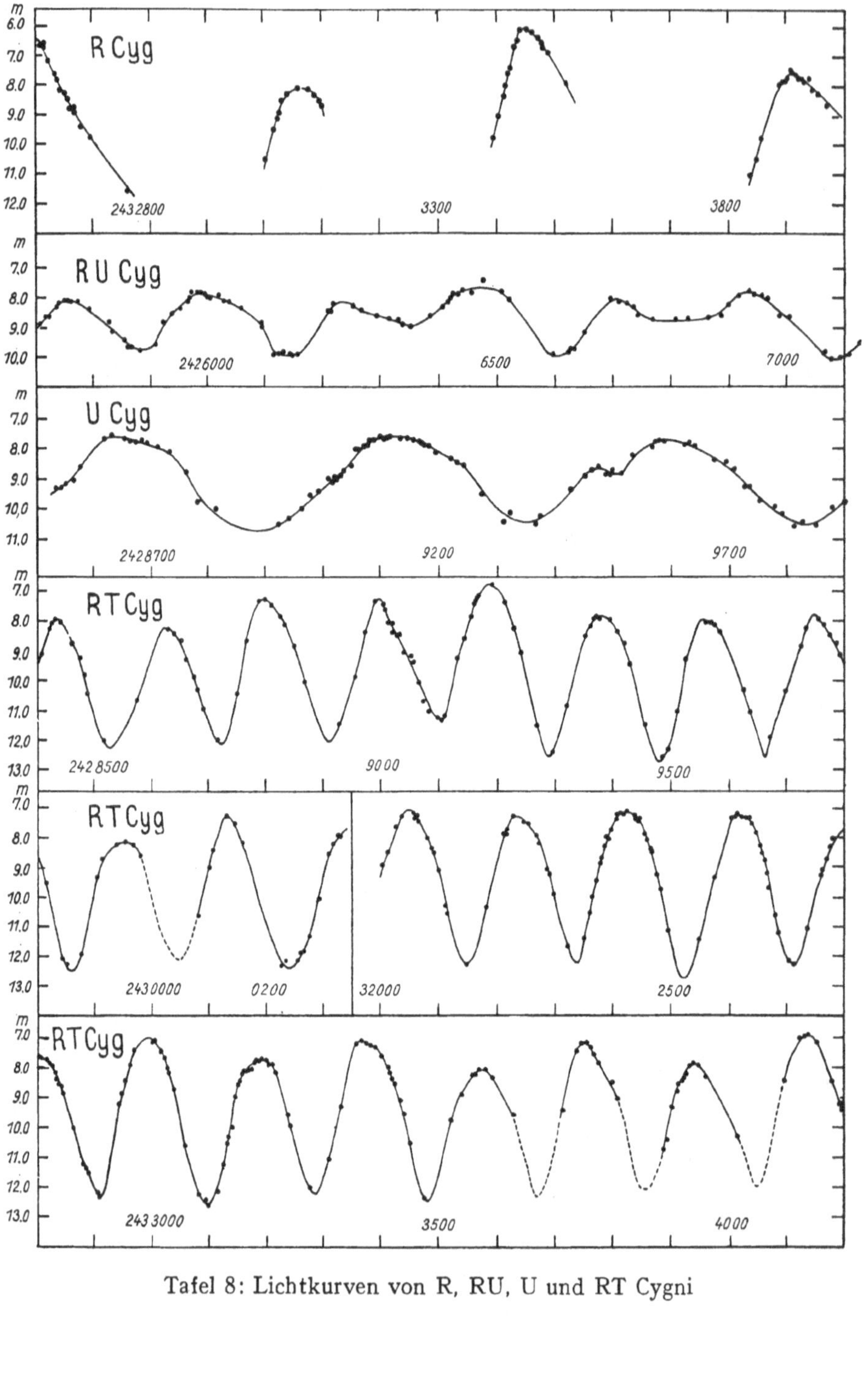

Tafel 8: Lichtkurven von R, RU, U und RT Cygni

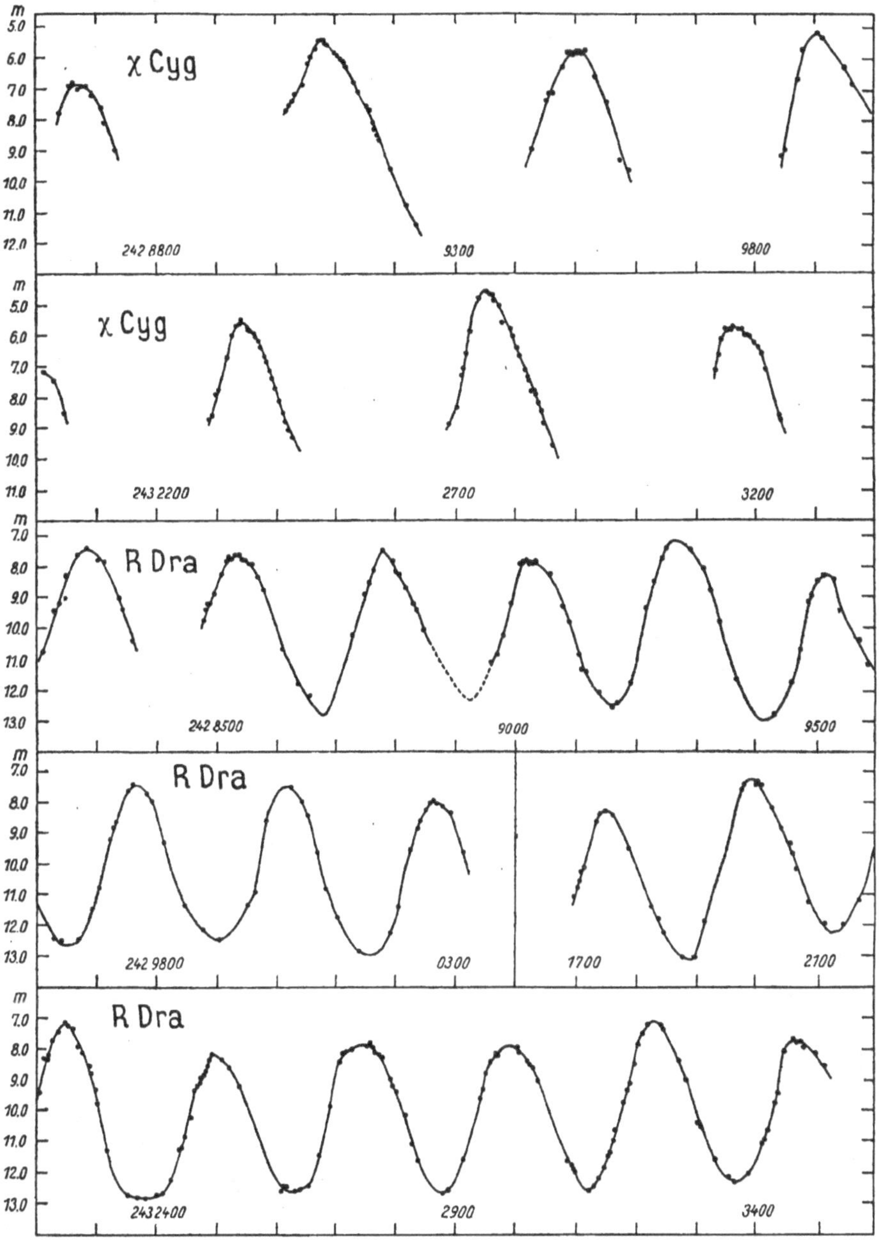

Tafel 9: Lichtkurven von χ Cygni und R Draconis

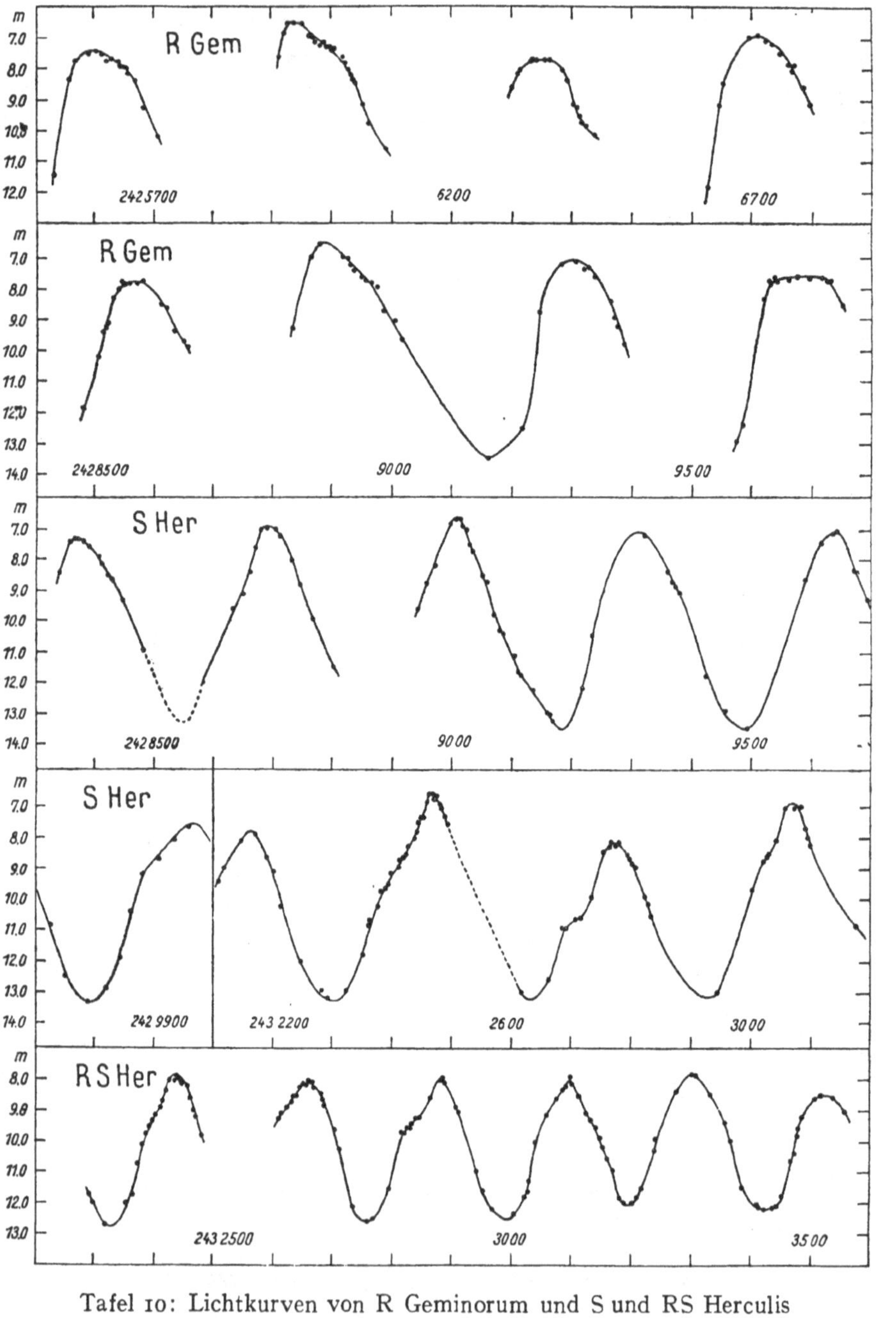

Tafel 10: Lichtkurven von R Geminorum und S und RS Herculis

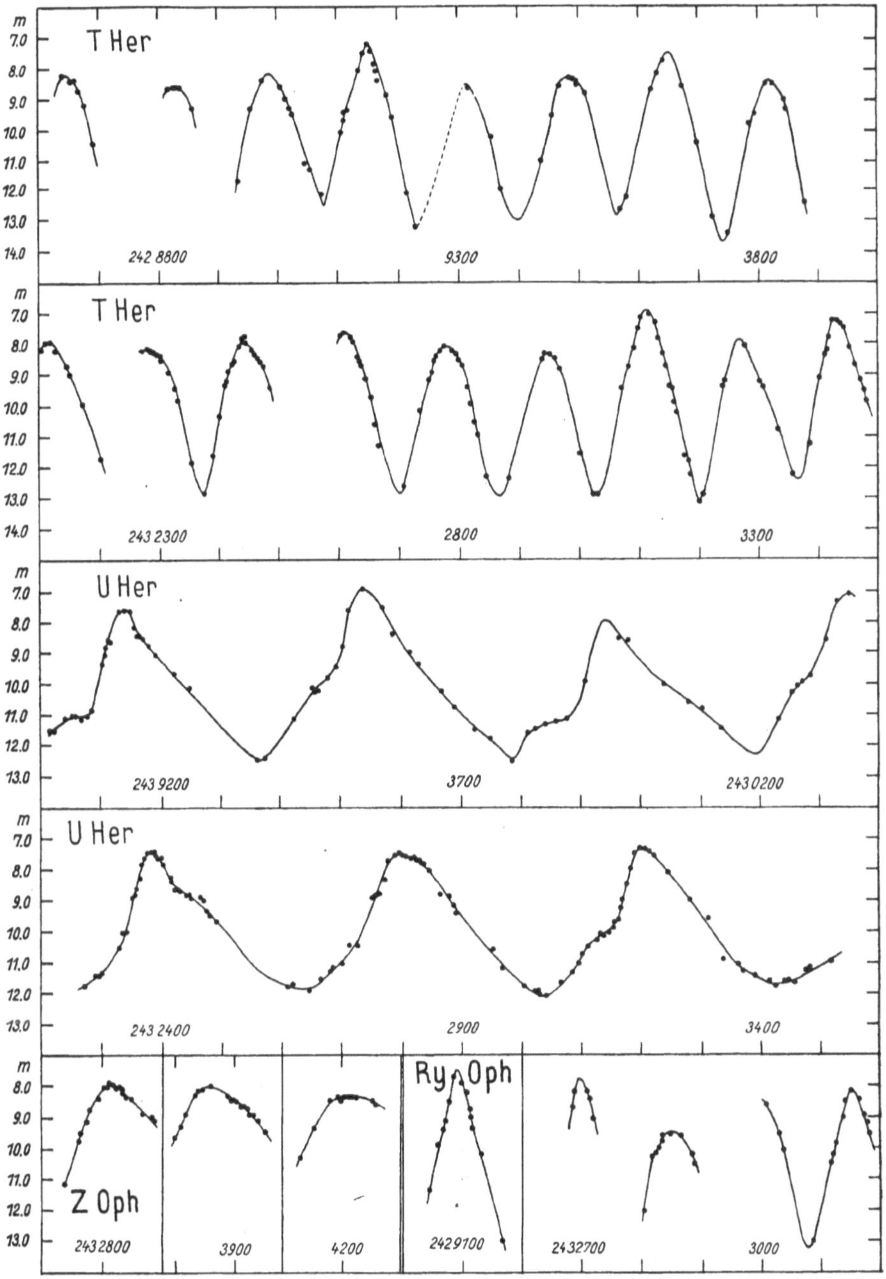

Tafel 11: Lichtkurven von T und U Herculis und Z und RY Ophiuchi

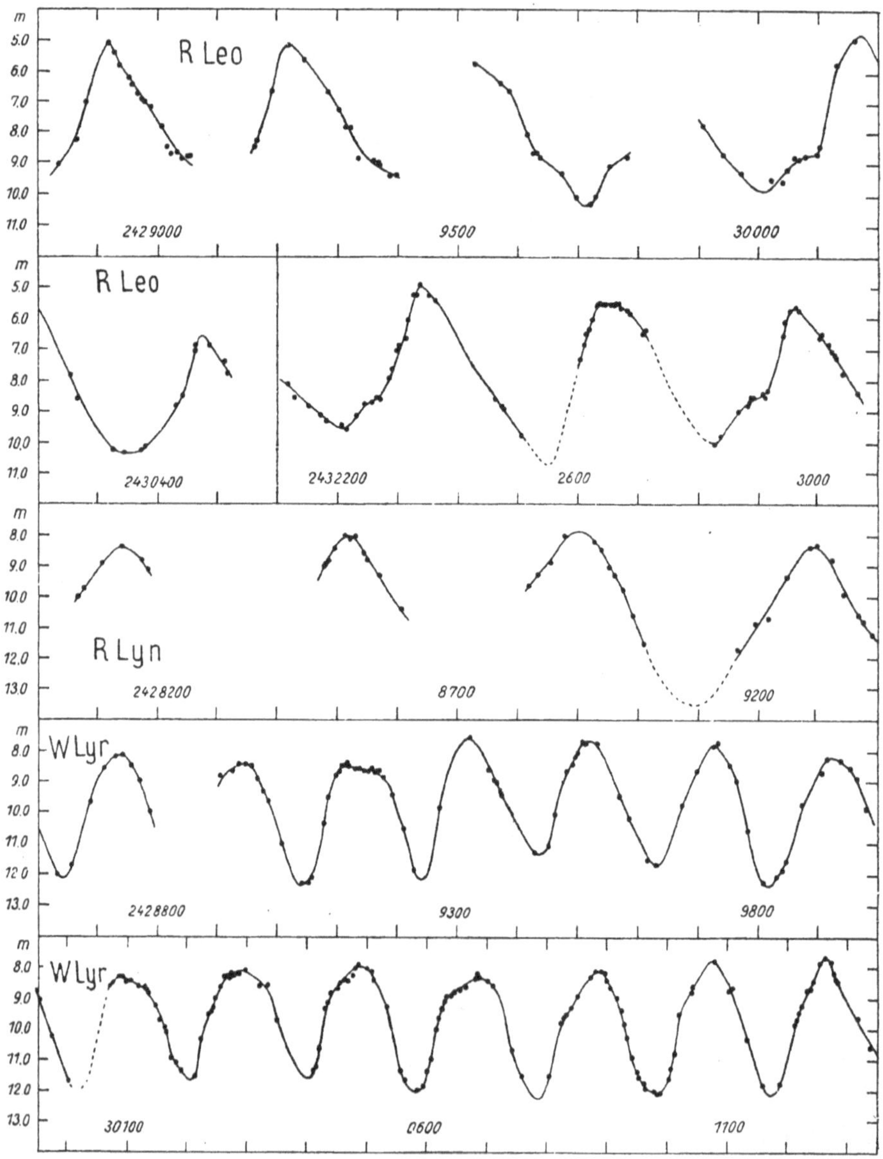

Tafel 12: Lichtkurven von R Leonis, R Lyncis und W Lyrae

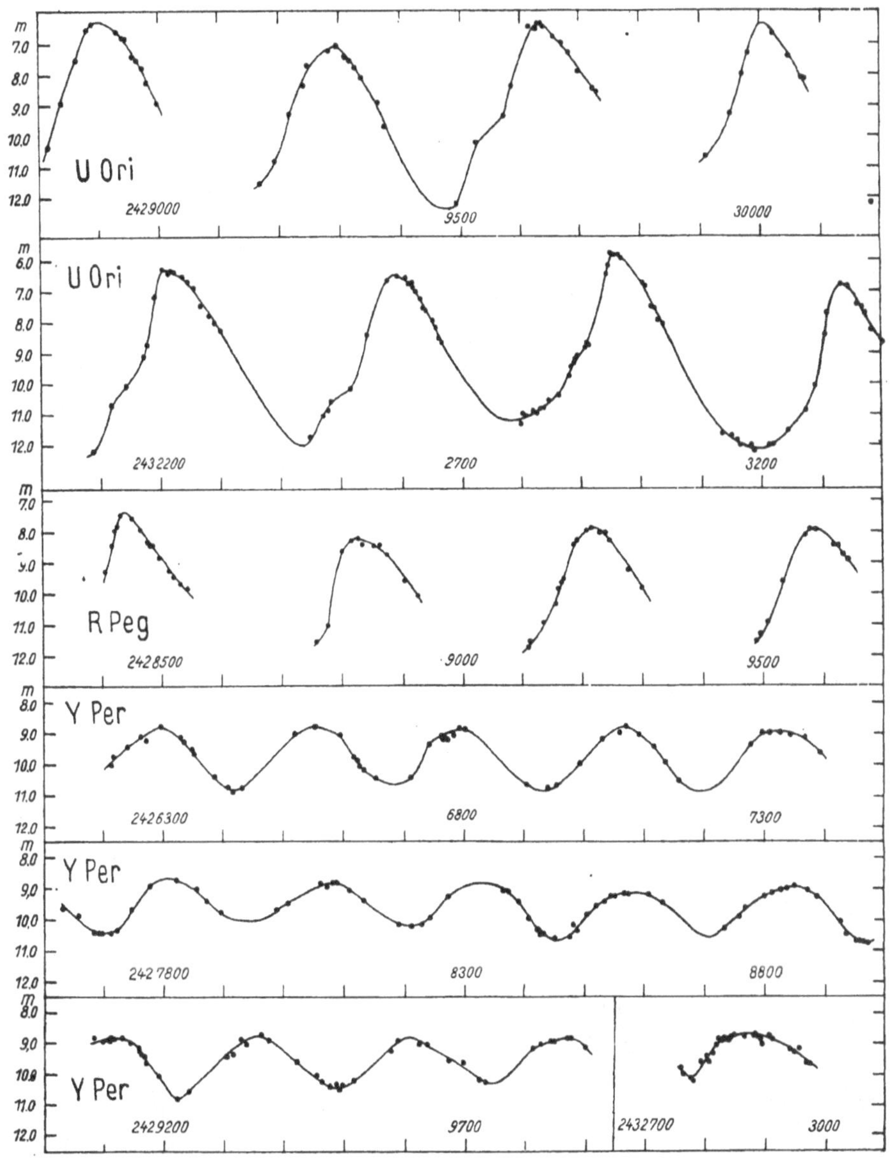

Tafel 13: Lichtkurven von U Orionis, R Pegasi und Y Persei

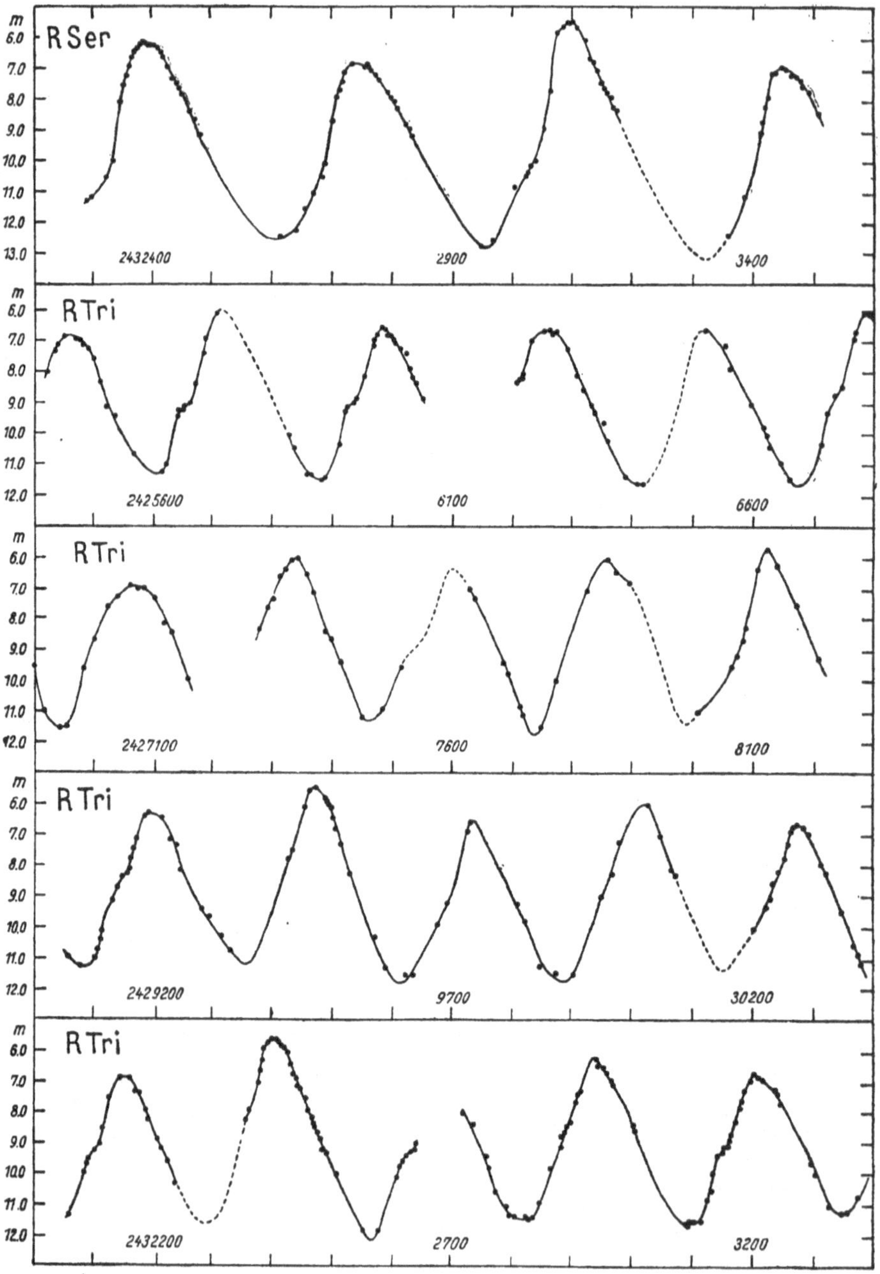

Tafel 14: Lichtkurven von R Serpentis und R Trianguli

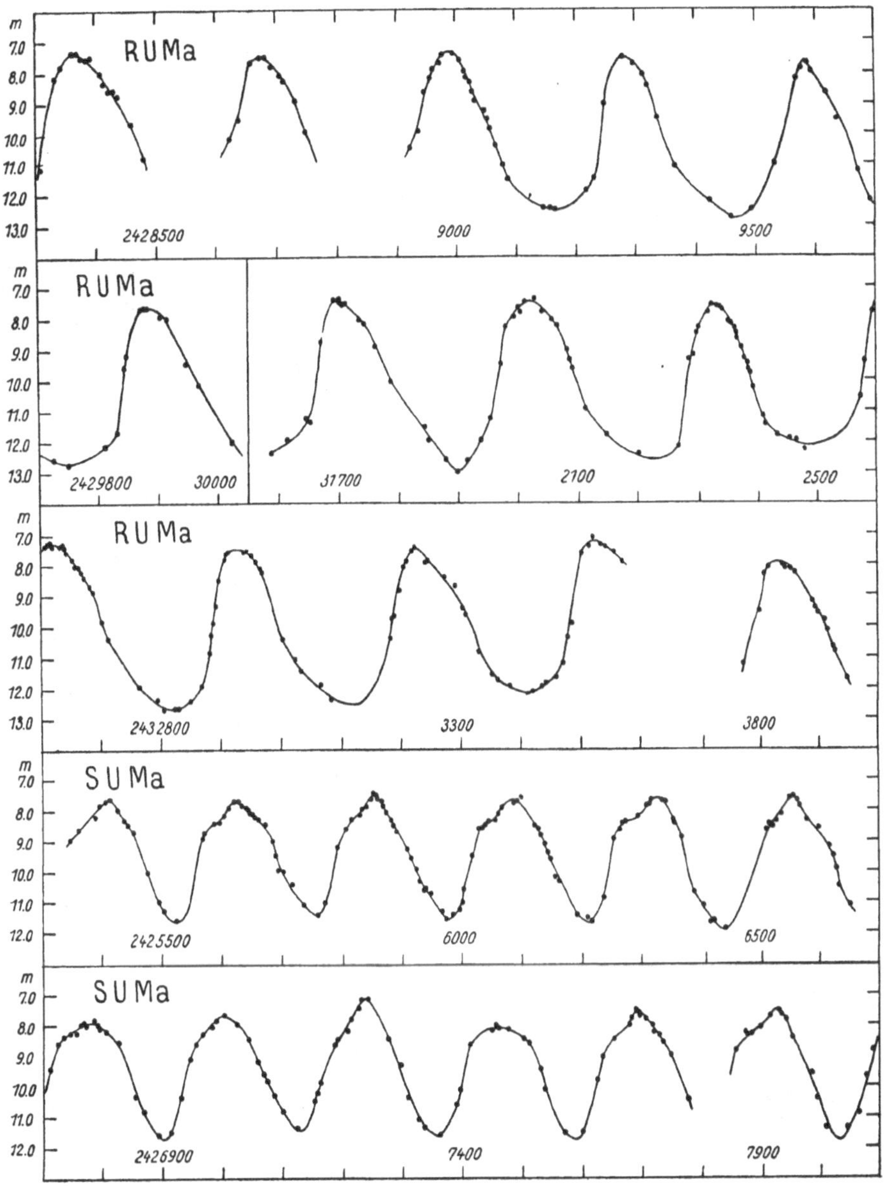

Tafel 15: Lichtkurven von R und S Ursae Maioris

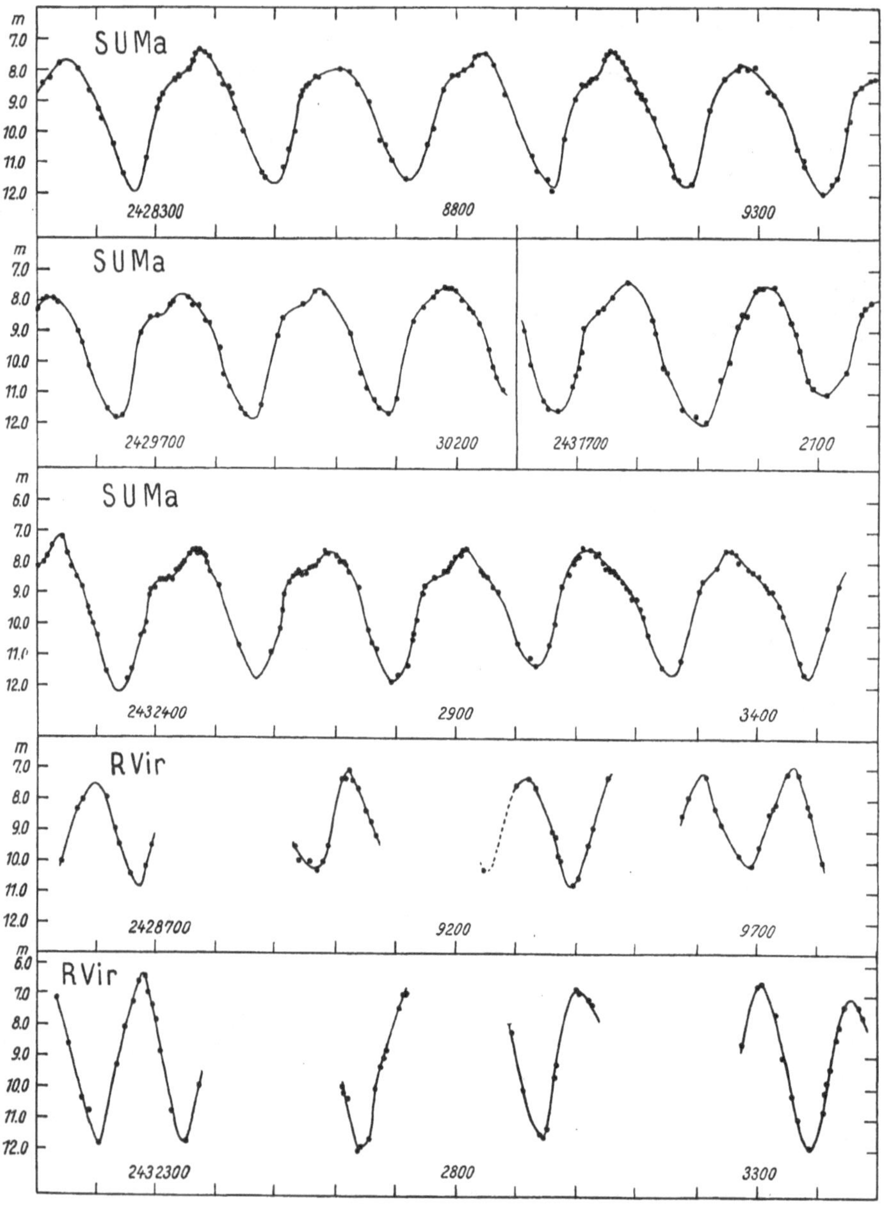

Tafel 16: Lichtkurven von S Ursae Maioris und R Virginis

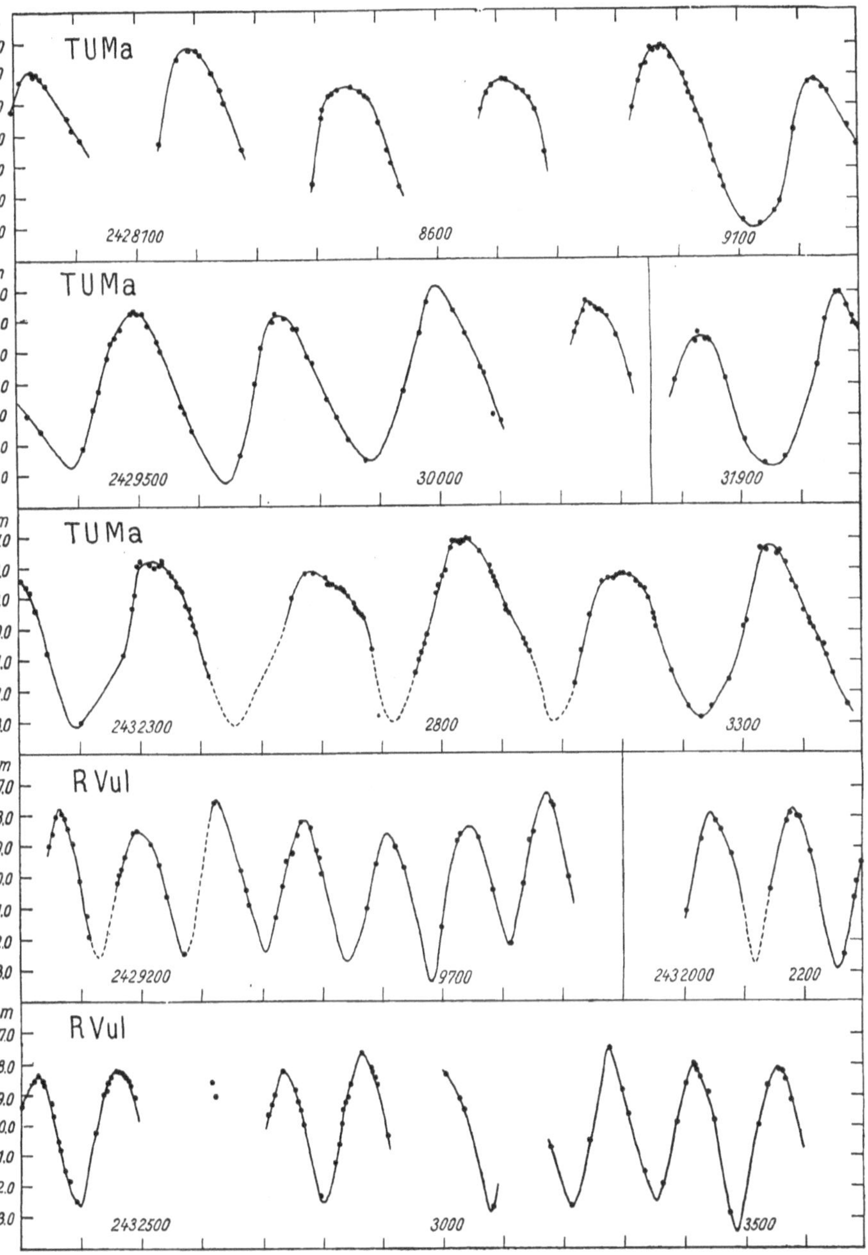

Tafel 17: Lichtkurven von T Ursae Maioris und R Vulpeculae

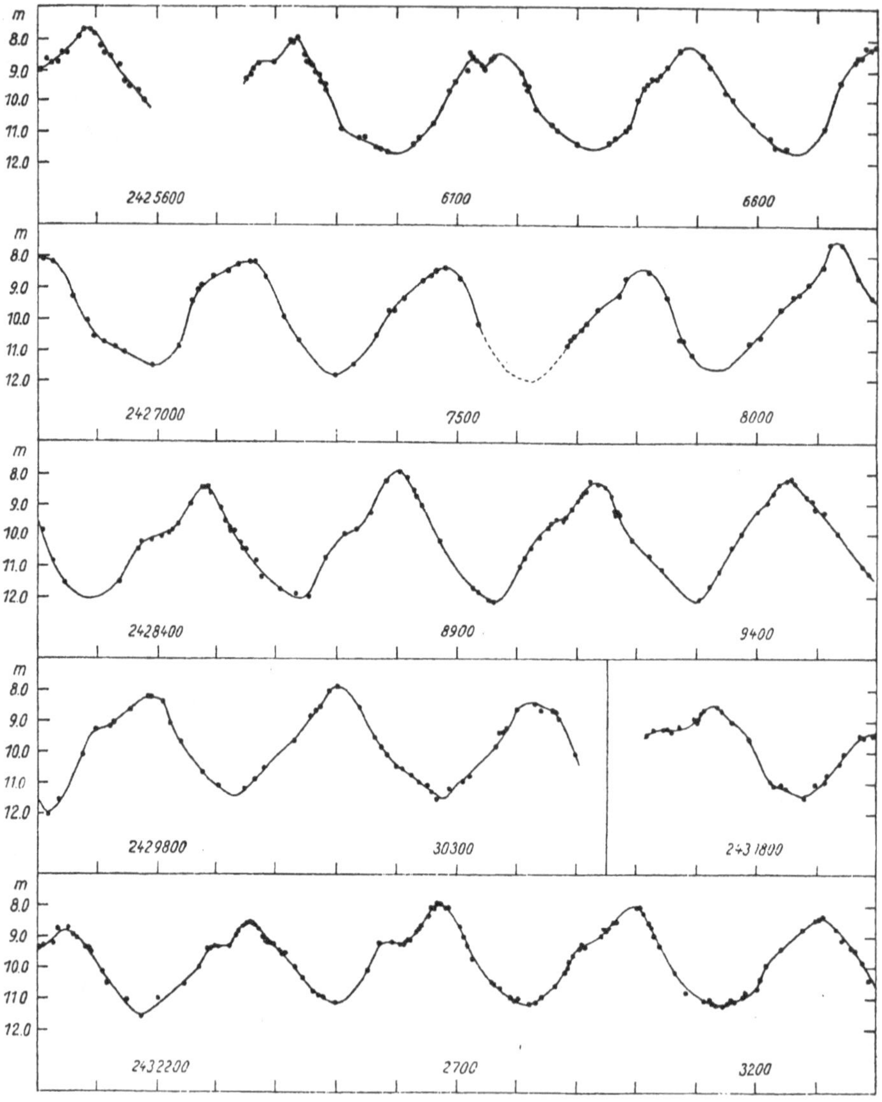

Tafel 18: Lichtkurven von U Ursae Minoris

FSC
www.fsc.org
MIX
Papier | Fördert
gute Waldnutzung
FSC® C083411

Zeitfracht Medien GmbH
Ferdinand-Jühlke-Straße 7
99095 Erfurt, Deutschland
produktsicherheit@kolibri360.de